应用型人才培养系列教材

JavaScript 程序设计
基础与实验指导
（第二版）

主　编　李新荣　黄廷辉

副主编　王智博　黄晓玲　高荧娉　郭素灿

西安电子科技大学出版社

内 容 简 介

本书结合大量实例，详细介绍了 JavaScript 语法及内置对象，包括 ES2015、ES2016、ES2017、ES2018 的新特性和 DOM 与 BOM。全书共 15 章，分别为初识 JavaScript、JavaScript 编程基础、函数、对象、DOM 与 BOM、数组对象、字符串对象、正则表达式、数学对象与日期对象、迭代器与生成器、Map 与 Set、类、代理与反射、模块、异步编程等。各章除理论知识外，还配有若干个实验，每个实验都有详细的分析和清晰的实现过程，便于学习者深入理解 JavaScript 编程的理论基础，从而灵活运用所学知识。

本书可作为本科院校计算机及相关专业的理论和实验实训教材，也可作为 Web 前端开发人员的学习参考书。

图书在版编目 (CIP) 数据

JavaScript 程序设计基础与实验指导 / 李新荣，黄廷辉主编 . -- 2 版 .

西安：西安电子科技大学出版社，2024.9 (2025.6 重印).

ISBN 978-7-5606-7421-6

Ⅰ . TP312.8

中国国家版本馆 CIP 数据核字第 2024DH3912 号

策　　划　陈　婷
责任编辑　陈　婷
出版发行　西安电子科技大学出版社 (西安市太白南路 2 号)
电　　话　(029)88202421　88201467　　　邮　　编　710071
网　　址　www.xduph.com　　　　　　　电子邮箱　xdupfxb001@163.com
经　　销　新华书店
印刷单位　陕西天意印务有限责任公司
版　　次　2024 年 9 月第 2 版　　　　　2025 年 6 月第 2 次印刷
开　　本　787 毫米 ×1092 毫米　1/16　　印张　16.5
字　　数　389 千字
定　　价　49.00 元
ISBN 978-7-5606-7421-6
XDUP 7722002−2
＊ ＊ ＊ 如有印装问题可调换 ＊ ＊ ＊

前 言
PREFACE

Web 前端开发在计算机科学领域中的作用日益凸显，而 JavaScript 作为 Web 前端的核心编程语言，在 Web 前端开发中扮演了关键的角色，为构建交互丰富、用户友好的 Web 应用提供了强大的工具支持。随着 Web 应用复杂性的不断增加以及用户对更丰富的交互式体验的不断追求，ECMAScript(JavaScript 的核心部分) 不断演进，引入新功能，以满足开发者的需求。为帮助开发者更好地理解和运用这些新功能，我们编写了本书。

本次修订是在第一版的基础上进行的，主要修订之处有：补充了 ECMAScript 最新版本中引入的新功能以及 DOM、BOM 更详细的内容；对部分章节内容进行了调整和扩充，如新增了迭代器与生成器、Map 与 Set、代理与反射、模块、异步编程等内容；将思政元素有机地融入知识点讲述和实验练习中。总体而言，第二版在内容更新、章节结构调整和思政元素融入等方面进行了明显改进，更适合作为现代 Web 前端开发教材使用。

本书的主要特色如下：

(1) 内容新颖、系统性强。

本书涵盖了 JavaScript 程序设计中较新、较全面的知识，从基础到高级技术，每个主题都经过系统组织，有助于学习者逐步深入学习，从而打下坚实的知识基础。

本书共 15 章，可分为四大部分。第一部分包括第 1 章至第 4 章，详细讲述 JavaScript 编程基础、函数、对象等 JavaScript 语法及一些语法新特性；第二部分为第 5 章，详细讲述 DOM 与 BOM；第三部分包括第 6 章至第 9 章，详细讲述数组、字符串、正则表达式、数学对象与日期对象等内置对象及内置对象新增的特性；第四部分包括第 10 章至第 15 章，详细讲述迭代器与生成器、Map 与 Set、类、代理与反射、模块、异步编程等内容，涵盖 ES2015、ES2016、ES2017、ES2018 的新特性。

(2) 理论与实践有机结合。

本书强调理论知识与实际应用的有机结合，将知识点结合实例来讲述，各章 (除第 1 章) 内容均包括基础知识、基础练习和动手实践。实践中设有若干个实验，每个实验都给出了详细的分析和清晰的实现过程，大部分实验都包括实验目的 (描述实验达到的目的)、实验内容及要求 (提出实验的要求)、实验分析 (包括结构分析和算法分析)、实验步骤 (描述实验实现的步骤)、总结 (归纳实验实现的技巧)、拓展 (提出一些实验扩展)。

在学习本书时，首先要做到对知识点的透彻理解，然后通过基础练习来巩固理论知识，最后动手实践。通过基础练习与动手实践，学习者能够深入理解 JavaScript 编程的理论基础，从而灵活运用所学知识。

(3) 融入思政元素。

本书在关注 JavaScript 编程知识的同时还注重挖掘内容中蕴含的思政元素，将思政元素有机地融入知识点讲述和实验练习中，旨在培养学习者的思考能力、责任感和实际运用能力。

(4) 适用范围广。

本书的实用性和操作性强，可作为本科院校及培训学校计算机及相关专业的理论和实验实训教材，也可供 Web 前端开发人员参考。

本书由桂林电子科技大学李新荣、黄廷辉任主编，王智博、黄晓玲、高荧娉、郭素灿任副主编。其中，李新荣编写第 1 章至第 5 章，黄廷辉编写第 6 章至第 12 章，王智博编写第 13 章，黄晓玲编写第 14 章，高荧娉和郭素灿编写第 15 章。全书由李新荣统稿，黄廷辉审核。谭雨俊、陈子鑫等同学参与了本书的初稿试读和校对工作，他们站在初学者的角度对本书提出了许多宝贵的修改意见，编者在此表示感谢。

由于信息技术的发展非常迅速，加之编者水平有限，书中不妥之处在所难免，欢迎读者不吝指正。在阅读本书时，如发现问题，可通过电子邮件 (123990509@qq.com) 与编者联系。

编　者

2024 年 6 月

目 录

CONTENTS

1

第 1 章 初识 JavaScript

1.1 JavaScript 的作用

JavaScript(JS) 是一种解释性的编程语言，不需要编译，是可以直接在浏览器中执行的脚本语言；同时，它也是一种跨平台的语言，可以在多种操作系统和设备上运行。这使得它成为 Web 开发的理想选择。

在 Web 前端开发中，HTML(Hyper Text Markup Language，超文本标记语言) 只是将文档的结构和内容组织起来，通过 CSS(Cascading Style Sheets，层叠样式表) 进行渲染、布局等工作，而与用户交互的部分则由 JavaScript 来控制。JavaScript 可以用来修改 HTML 文档与 CSS 样式规则，向 HTML 文档中添加、插入及移除内容，增加或移除属性，修改样式等。

JavaScript 也可以用于服务器端编程，通过 Node.js 等运行时环境，开发者可以使用同一种语言在前端和后端构建整个 Web 应用。

1.2 浏览器环境 (Web 前端) 下 JavaScript 的组成

浏览器环境下 JavaScript 主要由三部分组成，分别是 ECMAScript、DOM (Document Object Model，文档对象模型) 和 BOM (Browser Object Model，浏览器对象模型)。

(1) ECMAScript：JavaScript 的核心部分，定义了语言的基本语法、数据类型、操作符、控制结构等。ECMAScript 是一种标准，而不是具体的编程语言实现。不同的浏览器实现都需要遵循 ECMAScript 标准，以确保 JavaScript 在不同环境中的一致性。

(2) DOM：一种编程接口，用于操作网页的内容和结构。它将网页表示为一棵树状结构，允许 JavaScript 与网页的元素进行交互，如修改文本、添加或删除元素、处理事件等。浏览器提供了 DOM API(文档对象模型的应用程序编程接口)，开发者可以在 JavaScript 中访问和操作 DOM。

(3) BOM：一组浏览器特定的对象和接口，用于控制浏览器窗口和浏览器的行为。它包括窗口大小、浏览历史、定时器、浏览器导航等功能。虽然 BOM 不属于 ECMAScript 标准，但是它在浏览器环境中是可用的，可以通过 JavaScript 进行访问和控制。

1.3　ES6 简介

S2015 是 ECMAScript 语言标准的一个版本，也被称为 ECMAScript 6 (简称 ES6)。在实际使用过程中，ES6 还包含了后续版本的许多特性。尽管 ECMAScript 规范自 ES2015 起采用年度发布的模式，但开发者和社区中仍普遍使用 "ES6" 这个术语来泛指 ECMAScript 规范中的一系列现代特性。ES6 的引入使得 JavaScript 更加强大、易读、易写，并有助于提高开发者的生产力。它已成为现代 Web 开发的标准，并被广泛支持。

1.4　JavaScript 程序示例

1. JavaScript 代码编辑器

用任何一种文本编辑器 (如 Visual Studio Code、EditPlus 等) 都可以编辑 JavaScript 代码。本书中的示例代码均用 Visual Studio Code 编辑。

2. 编写 JavaScript 示例代码

打开 Visual Studio Code 文本编辑器，新建 HTML 文档，将其命名为 "ch1-01.html"，然后在代码视图中编辑如下程序代码。

示例 1-1　代码清单如下：

```html
<!DOCTYPE HTML>
<html>
<head>
<meta http-equiv="Content-Type" content="text/html; charset=utf-8">
<title> 示例 </title>
<style>
    div { width:200px; height:200px; background:red; display:none; }
</style>
</head>
<body>
    <input id="show_btn" type="button" value="显示" />
    <input id="hide_btn" type="button" value="隐藏" />
```

```
        <div id="div1"></div>
    </body>
    <script>
    var oBtn1 = document.getElementById('show_btn');   //获取页面上的"显示"按钮对象
    var oBtn2 = document.getElementById('hide_btn');   //获取页面上的"隐藏"按钮对象
    var oDiv = document.getElementById('div1');         //获取页面上的 div 盒子对象
    oBtn1.onclick = function (){                        //给"显示"按钮对象添加"单击"事件
            oDiv.style.display = 'block';               //设置 div 盒子为显示
    };
    oBtn2.onclick = function (){                        //给"隐藏"按钮对象添加"单击"事件
            oDiv.style.display = 'none';                //设置 div 盒子为隐藏
    };
    </script>
    </html>
```

录入代码后，保存文件。

3. 在浏览器中运行

建议选择 Chrome 或 Firefox 浏览器。在 Chrome 浏览器中运行"ch1-01.html"，当单击网页上的"显示"按钮时，显示一个红色的矩形，效果如图 1-1 所示；当单击网页上的"隐藏"按钮时，红色的矩形消失，效果如图 1-2 所示。

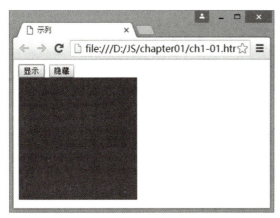

图 1-1　单击"显示"按钮时的网页效果

图 1-2　单击"隐藏"按钮时的网页效果

4. 示例 1-1 说明

1) <script> 标签

在 HTML 文档中，JavaScript 的程序内容必须置于 <script></script> 标签对中，当浏览器读取到 <script> 标签时，就解释执行其中的脚本。其基本语法格式如下：

```
<script type="text/javascript">
    //此处为 JavaScript 代码
</script>
```

2）示例 1-1 的程序功能

此示例的 JavaScript 程序实现了对网页元素对象的处理，具体为：使用 document 对象的 getElementById() 方法，通过网页元素 ID 号获取页面上的三个元素对象；通过用户单击网页上的"按钮"这一交互行为，由 JavaScript 来控制 <div> 元素的显示属性值为"显示"还是"隐藏"。

3）示例 1-1 代码详解

代码详解见代码清单中各语句的注解部分，即代码清单中"//"后面的内容。

1.5 在 HTML 文档中引入 JavaScript 代码的方法

在 HTML 文档中引入 JavaScript 代码有以下 4 种方法。

1. 内嵌式引入 JavaScript 代码

内嵌式引入 JavaScript 代码是指根据需要将包含在 <script> 和 </script> 标签对中的 JavaScript 代码嵌入在 HTML 文档的适当位置上。如示例 1-1 程序就是用内嵌式引入 JavaScript 代码的。

2. 外链式引入 JavaScript 代码

外链式引入 JavaScript 代码是指通过 <script> 标记的 src 属性链接外部的 JavaScript 脚本文件。当脚本代码比较复杂或者同一段代码需要被多个网页文件使用时，可以将这些脚本代码放置在一个扩展名为 .js 的文件中，然后以外链式引入该 js 文件。在 Web 页面中使用外链式引入 JavaScript 文件的基本语法格式如下：

```
<script type="text/javascript" src="JS 文件的路径"></script>
```

如示例 1-1 程序也可以改为外链式引入 JavaScript 代码：把 JavaScript 代码保存在"chapter01"文件夹下的"ch1-02.js"文件中，把 HTML 代码保存在"chapter01"文件夹下的"ch1-02.html"文件中，代码清单如下。

"ch1-02.js"文件中的代码清单：

```
//JavaScript Document
var oBtn1 = document.getElementById('show_btn'); //获取页面上的"显示"按钮对象
var oBtn2 = document.getElementById('hide_btn'); //获取页面上的"隐藏"按钮对象
var oDiv = document.getElementById('div1');       //获取页面上的 div 盒子对象
oBtn1.onclick = function (){                        //给"显示"按钮对象添加"单击"事件
    oDiv.style.display = 'block';                  //设置 div 盒子为显示
};
oBtn2.onclick = function (){                        //给"隐藏"按钮对象添加"单击"事件
```

```
        oDiv.style.display = 'none';          //设置 div 盒子为隐藏
    };
```

"ch1-02.html"文件中的代码清单：

```
<!DOCTYPE HTML>
<html>
<head>
<meta http-equiv="Content-Type" content="text/html; charset=utf-8">
<title> 示例 </title>
<style>
        div { width: 200px; height: 200px; background: red; display: none; }
</style>
</head>
<body>
    <input id="show_btn" type="button" value="显示" />
    <input id="hide_btn" type="button" value="隐藏" />
    <div id="div1"></div>
<script type="text/javascript" src="ch1-02.js"></script>
</body>
</html>
```

3. 通过 HTML 文档事件处理程序引入 JavaScript 代码

根据用户的交互需求，可以对 HTML 文档设定不同的事件处理器。通常是设置某 HTML 元素的事件属性来引入 JavaScript 代码；事件属性一般以 on 开头，如移动鼠标事件属性 onmousemove、单击鼠标事件属性 onclick 等。

示例 1-1 程序也可以改为通过 HTML 文档事件属性引入 JavaScript 代码。修改后，将文件另存为"ch1-03.html"，代码清单如下。

"ch1-03.html"文件中的代码清单：

```
<!DOCTYPE HTML>
<html>
<head>
<meta http-equiv="Content-Type" content="text/html; charset=utf-8">
<title> 示例 </title>
<style>
        div { width: 200px; height: 200px; background: red; display: none; }
</style>
</head>
<body>
        <input id="show_btn" type="button" value="显示"
        onclick="document.getElementById('div1').style.display='block'; " />
```

```
        <input id="hide_btn" type="button" value="隐藏"
        onclick="document.getElementById('div1').style.display='none'; "/>
        <div id="div1"></div>
    </body>
    </html>
```

4. 通过 JavaScript 伪 URL 地址引入 JavaScript 代码

用户可以通过 JavaScript 伪 URL 地址调用语句来引入 JavaScript 代码。伪 URL 地址的一般格式是：以 "javascript:" 开始，后面紧跟要执行的 JavaScript 代码。例如，网页文件中引入 JavaScript 代码的方法如下。

"ch1-04.html" 文件中的代码清单：

```
    <!DOCTYPE HTML>
    <html>
    <head>
        <meta http-equiv="Content-Type" content="text/html; charset=utf-8">
        <title> 示例 </title>
    </head>
    <body>
        <a href="javascript: alert('hello')">Hello World!</a>
    </body>
    </html>
```

1.6 JavaScript 程序的调试

 ## 1.6.1 使用浏览器的调试工具调试

程序错误类型分为语法错误和逻辑错误两种。调试指的就是在代码中排查错误的过程。在开发过程中调试是无法避免的事件，调试是程序设计人员应掌握的关键技能。JavaScript 本身提供的调试工具为 console 对象，浏览器提供了 JavaScript 程序调试工具。下面以 Chrome 浏览器的调试工具为例，调试 "ch1-05.html" 文件中的代码。

"ch1-05.html" 文件中的代码清单：

```
    <!DOCTYPE HTML>
    <html>
    <head>
        <meta http-equiv="Content-Type" content="text/html; charset=utf-8">
        <title> 调试 </title>
```

```
            </head>
            <body>
                    <input id="count" type="text" />
                    <input id="add" type="button" value="加 1"/>
                    <script>
                            var oBtn=document.getElementById("add");
                            var oCount=document.getElementById("count");
                            var count=0;
                            console.log(count);
                            oBtn.onclick=function(){
                                    count++;
                                    oCount.value=count;
                            };
                    </script>
            </body>
            </html>
```

1. 打开 Chrome 浏览器的调试工具

在 Chrome 浏览器中打开"ch1-05.html"网页，然后在页面上单击鼠标右键，在弹出的快捷菜单中选择"检查"菜单项，打开"DevTools"（开发者工具），如图 1-3 所示。或直接按 F12 键以快捷方式打开"DevTools"。"DevTools"中包含了 Elements、Console、Sources、Network 等功能面板。 调试 JavaScript 程序一般使用 Console、Sources 面板。

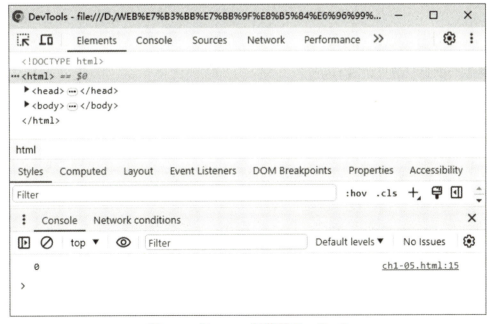

图 1-3　Chrome 浏览器 DevTools

2. 使用 Console 面板 (控制台)

在 DevTools 界面中单击 "Console" 标签 (或者使用 Ctrl+Shift+J 快捷键)，打开 Console 面板 (控制台)，可以进行以下操作：

(1) 显示 JavaScript 错误和警告信息。控制台窗口能够显示当前页面中的 JavaScript 错误和警告信息，并提示出错的文件和行号，方便调试。例如，把 "ch1-05.html" 程序中的 "var oCount=document.getElementById("count");" 语句改成 "var oCount=document.getElementByIds("count");" 后，程序就会出错，出错信息显示在控制台中，如图 1-4 所示。

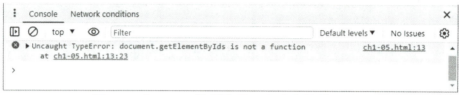

图 1-4　Console 控制台显示程序中的错误信息

(2) 使用 console 对象进行调试。JavaScript 本身提供的调试工具为 console 对象，其输出结果也在 Console 控制台显示。通过 JavaScript 程序代码或者控制台命令行可以调用 console 对象的日志信息输出方法。console 对象的常用日志信息输出调试方法如下。

① console.log()：用于在控制台中输出信息，如输出变量的值、对象的属性等。

② console.error()：用于输出错误信息 (显示红色，带有红色小图标)，通常在捕获异常时使用。

③ console.warn()：用于输出警告信息 (显示黄色，带有黄色小图标)。

④ console.info()：用于输出一般信息。

例如，在控制台中输入以下命令：

console.log('hello world')

console.error('hello world')

console.warn('hello world')

console. info ('hello world')

控制台的显示效果如图 1-5 所示。

图 1-5　Console 控制台显示的日志信息

这些日志信息输出方法在输出数据或定位错误代码时很有用。在程序开发时，如果不能定位程序发生错误引发的异常，就可以采用代码跟踪方式查找错误，这时可以将日志信息输出语句放在程序的不同位置，用它来显示程序中的变量及函数返回值等。因为通常 JavaScript 文件都是从上到下执行的，所以可以帮助开发者锁定错误脚本的精确位置。

　　(3) 执行 JavaScript 表达式。在控制台输入 JavaScript 表达式后按回车键即可得到表达式的值。在控制台输入命令时，会弹出相应的智能提示框，用 Tab 键即可自动完成当前的建议项。在 Console 控制台中可以查看当前脚本的变量值。如果在控制台输入变量名后按回车键，变量值就会显示出来，也可以改变当前变量的值。例如，在控制台输入 count 变量名后按回车键就能得到 count 变量名的值 0，输入 count=count+2 后按回车键，count 变量的值变为 2，如图 1-6 所示。

图 1-6　在控制台输入表达式求值

　　(4) 查看对象的属性和方法。调试工具 console 对象，除可以查看错误信息、打印调试信息、写一些测试脚本外，还可以用作 JavaScript API 查看工具。直接在控制台输入对象名后按回车键，可以查看该对象的属性和方法。例如，直接在控制台输入 console 后按回车键，可以查看 console 对象的方法和属性，如图 1-7 所示。

```
> console
<- ▼ console {debug: f, error: f, info: f, log: f, warn: f, …} 🛈
    ▶ assert: f assert()
    ▶ clear: f clear()
    ▶ context: f context()
    ▶ count: f count()
    ▶ countReset: f countReset()
    ▶ createTask: f createTask()
    ▶ debug: f debug()
    ▶ dir: f dir()
    ▶ dirxml: f dirxml()
    ▶ error: f error()
    ▶ group: f group()
    ▶ groupCollapsed: f groupCollapsed()
    ▶ groupEnd: f groupEnd()
    ▶ info: f info()
    ▶ log: f log()
    ▶ memory: MemoryInfo {totalJSHeapSize: 10000000, usedJSHeapSize: 10000000, jsHeapSizeLimit: 2190000000}
    ▶ profile: f profile()
    ▶ profileEnd: f profileEnd()
    ▶ table: f table()
    ▶ time: f time()
    ▶ timeEnd: f timeEnd()
    ▶ timeLog: f timeLog()
    ▶ timeStamp: f timeStamp()
    ▶ trace: f trace()
    ▶ warn: f warn()
      Symbol(Symbol.toStringTag): "console"
    ▶ [[Prototype]]: Object
```

图 1-7　查看 console 对象的方法和属性

还可以用 console.dir(对象) 来查看对象的方法和属性，如 console.dir(console)。

3. 使用 Sources 面板

JavaScript 的调试模式是一种特殊模式，允许开发者以更详细和精确的方式来诊断和修复 JavaScript 代码中的问题。在调试模式下，可以执行以下操作。

① 断点设置：在代码中设置断点，使代码在特定位置暂停，便于开发者检查变量、表达式和程序状态。

② 单步执行：逐行执行代码，包括单步进入函数、单步跳出函数，有助于开发者深入了解代码的执行过程。

③ 监视变量：监视特定变量的值，变量值发生变化时开发者可收到通知。

④ 查看调用栈：查看函数调用的堆栈，便于开发者了解函数的嵌套关系。

⑤ 控制执行流程：包括在断点处继续执行、中断执行、跳转到特定的代码行等。

调试模式通常通过浏览器的开发者工具 (如 Chrome 的 DevTools) 启用。DevTools 提供了一个交互式的界面，执行上述操作可帮助开发者诊断和解决 JavaScript 代码中的错误和问题。

在 DevTools 界面中单击 "Sources" 标签，或在程序中插入 "debugger;" 语句 (在程序调试点开始处插入)，即可进入 Sources 面板。

Sources 面板分为左、中、右三个窗口，如图 1-8 所示。左侧窗口是文件窗口，在这里选择要调试的 JavaScript 代码所在的文件。中间窗口显示该文件的内容，单击中间窗口左侧的行号，可以为程序设置断点，以跟踪和解析程序的每一个变量，在程序出现异常时还可以方便定位错误。右侧窗口上边的工具栏是调试按钮，在对脚本设置断点后，单击 "调试" 按钮即可进行脚本调试，通过工具栏下面的监控窗口可以查看调试相关信息。

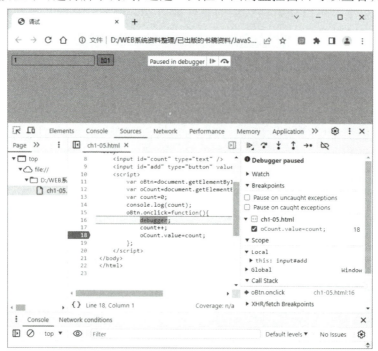

图 1-8　Sources 面板

在开发环境中，调试模式是非常有用的，因为它可以显著减少排查错误的时间，并帮助开发者更容易地理解和修复代码中的问题。

 1.6.2　使用 window 对象的 alert() 方法调试

使用 window 对象的 alert() 方法可以以弹窗的方式来显示一段文本。在程序开发时，如果不能定位程序发生错误引发的异常，那么可以采用代码跟踪方式查找错误，也可以将 alert() 语句放在程序的不同位置，用它来显示程序中的变量及函数返回值等。例如，在"ch1-05.html"程序中添加"alert(count);"语句来跟踪 count 的值。程序中 JavaScrpt 代码清单如下：

```
<script>
        var count=0;
        var oBtn=document.getElementById("add");
        var oCount=document.getElementById("count");
        oBtn.onclick=function(){
            count++;
            alert(count);
            oCount.value=count;
        };
</script>
```

alert() 方法的弹出窗口会中断程序，单击 alert 窗口的"确定"按钮后，程序会继续往下执行。

1.7　动 手 实 践

实验 1　JavaScript 程序的基本操作

1. 实验目的

熟练掌握 HTML 文档中编写 JavaScript 程序的基本操作。

2. 实验内容及要求

在编辑器中，编写并保存本章示例 1-1 "ch1-01.html"文件中的源文件，然后在 Chrome 浏览器中测试运行。采用以下三种方式将"ch1-01.html"文件中的源文件引入 JavaScript 代码：

(1) 外链式引入 JavaScript 代码，将文件另存为"ch1-02.html"，JavaScript 代码文件保存为"ch1-02.js"。

(2) 通过 HTML 文档事件属性引入 JavaScript 代码，将文件另存为"ch1-03.html"。

(3) 通过 JavaScript 的伪 URL 地址引入 JavaScript 代码，将文件另存为"ch1-04.html"。

3. 实验步骤

(1) 打开编辑器，新建 HTML 文档，在代码视图中输入示例 1-1 代码清单；录入代码录后，将文件保存为"ch1-01.html"。在 Chrome 浏览器中运行"ch1-01.html"。

(2) 将"新建文档"类型设置为"JavaScript"，文件名设置为"ch1-02.js"；在代码视图中输入"ch1-01.html"源文件中的 JavaScript 代码。

(3) 将"ch1-01.html"源文件另存为"ch1-02.html"，接着编辑"ch1-02.html"文件，删除 JavaScript 代码部分，在 </body> 标签前插入"<script src="ch1-02.js"></script>"语句；保存文件后，在浏览器中预览。

(4) 将"ch1-02.html"源文件另存为"ch1-03.html"，接着编辑"ch1-03.html"文件，删除"<script src="ch1-02.js"></script>"代码，把以下两条语句：

```
<input id="show_btn" type="button" value="显示" />
<input id="hide_btn" type="button" value="隐藏" />
```

修改成：

```
<input id="show_btn" type="button" value="显示"
        onclick="document.getElementById('div1').style.display='block'; " />
<input id="hide_btn" type="button" value="隐藏"
        onclick="document.getElementById('div1').style.display='none'; "/>
```

保存文件后，在浏览器中预览。

上述各文件代码清单见 1.5 节。

(5) 将"ch1-03.html"源文件另存为"ch1-04.html"，接着编辑"ch1-04.html"文件，把以下两条语句：

```
<input id="show_btn" type="button" value="显示"
        onclick="document.getElementById('div1').style.display='block'; " />
<input id="hide_btn" type="button" value="隐藏"
        onclick="document.getElementById('div1').style.display='none'; "/>
```

修改成：

```
<input id="show_btn" type="button" value="显示"
        onclick="javascript: document.getElementById('div1').style.display='block'; " />
<input id="hide_btn" type="button" value="隐藏"
```

保存文件后，在浏览器中预览。

实验 2　在浏览器中调试 JavaScript 程序

1. 实验目的

熟练掌握在浏览器中调试 JavaScript 程序的基本操作。

2. 实验内容及要求

在编辑器中，编写并保存本章示例"ch1-05.html"文件中的源文件，然后在 Chrome

浏览器中测试运行。在程序中分别加入"console.log(count);""alert(count);"和"document.write(count);"语句来跟踪 count 值的变化。

3. 实验步骤

(1) 打开编辑器，新建 HTML 文档，在代码视图中输入文件"ch1-05.html"代码清单；录入代码后，将文件保存为"ch1-05.html"。在 Chrome 浏览器中运行"ch1-05. html"。

(2) 继续编辑"ch1-05.html"文件，在"count++;"语句后插入"console.log (count);"；保存文件后，在 Chrome 浏览器中测试运行。按 F12 键打开"DevTools"，切换到"Console"控制台；单击控制台页面上的"加 1"按钮，观察控制台的输出信息。

(3) 继续编辑"ch1-05.html"文件，将"console.log(count);"语句改成"alert(count);"语句；保存文件后，在 Chrome 浏览器中测试运行。单击控制台页面上的"加 1"按钮，观察弹出的窗口信息，再单击"确定"按钮。

第2章 JavaScript 编程基础

2.1 JavaScript 基本语法

1. JavaScript 中的标识符

标识符是指 JavaScript 中定义的符号，如变量名、函数名、对象名等。标识符的命名规范如下：

(1) 由大小写字母 (a ~ z，A ~ Z)、数字 (0 ~ 9)、下画线 (_) 以及美元符号 ($) 组成。

(2) 不能由数字开头，必须以字母、下画线或美元符号开头。

(3) 不能使用 JavaScript 中的保留关键字。

例如，userName、user_name、_password、$count2 等都是合法的标识符，而 2shu、class、33 等都不是合法的标识符。

标识符命名尽量用英文并且具有一定的含义。程序员为了使自己编写的代码能更容易在团队或同行之间交流，一般多采取统一的、可读性比较好的一套命名规则 (惯例)。常见的命名规则有驼峰法，分为小驼峰法和大驼峰法两种。对于小驼峰法，除第一个单词外，其他单词的首字母大写，例如 userName、passWord 等，变量名一般用小驼峰法标识；相比于小驼峰法，大驼峰法是把第一个单词的首字母也大写，常用于类名、函数名、属性、命名空间，例如 UserProfile、SectionTitle 等。

2. 关键字和保留字

ECMAScript 是 JavaScript 的标准规范，定义了 JavaScript 的语法和行为。在 ECMAScript 中，具有特殊含义和用途的关键字不能用作标识符。以下是 ECMAScript 中的一些关键字：await、break、case、catch、class、const、continue、debugger、default、delete、do、else、enum、export、extends、false、finally、for、function、if、import、in、instanceof、implements、interface、let、new、null、package、private、protected、public、return、super、switch、static、this、throw、true、try、typeof、var、void、while、with、yield 等。这些关键字在 ECMAScript 规范中被保留，不能用作标识符 (变量名、函数名等)。

在 ECMAScript 中，还描述了另一组不能用作标识符的保留字。虽然这些保留字当前没有特殊用途，但可能在未来的 ECMAScript 版本中被引入。以下是 ECMAScript

中的一些保留字：abstract、boolean、byte、char、double、final、float、goto、int、long、native、short、synchronized、throws、transient、volatile 等。

3. 大小写敏感

JavaScript 严格区分大小写，如 UserName 与 username 代表两个不同的变量。在编写 JavaScript 程序时，请务必注意大小写的问题。

4. JavaScript 语句结束的分号问题

在 JavaScript 中，分号通常用于表示语句的结束。在 ES6 中引入了"自动插入分号"的机制，使得在大多数情况下分号是可选的。根据自动插入分号的规则，JavaScript 引擎会根据一些规则自动在语句末尾插入分号。例如，当一行代码的末尾是一个换行符、右括号、右方括号、关键字 (如 return、break 等) 或一元操作符 (如 ++、-- 等) 时，引擎会自动在该行末尾插入分号。虽然分号在大多数情况下是可选的，但是为了代码的可读性和可维护性，建议在编写代码时显式地使用分号来表示语句的结束。这有助于避免由于自动插入分号机制引起的潜在问题。

5. JavaScript 程序的注释

注释是不被程序执行的辅助性说明信息。注释是对程序进行注解，解释程序的某些部分的作用和功能。注释有单行和多行两种。

(1) 单行注释，就是在注释内容前面加双斜线"//"，例如：

```
var name="tom";        //name 变量用来存放姓名
var age=20;            //age 变量用来存放年龄
```

(2) 多行注释，就是在注释内容前面以单斜线加一个星形标记"/*"开头，在注释内容结尾以一个星形标记加单斜线"*/"结束。当注释内容超过一行时，一般使用多行注释。多行注释一般应用在 js 文件的开头，介绍作者、函数等信息。例如：

```
/*
author: xxx
day: 2017-10-18
*/
```

多行注释中可以嵌套"//"注释，但不能嵌套"/* */"，因为第一个"/*"会以在它后面第一次出现的"*/"作为与它配对的结束注释符。

2.2　数 据 类 型

数据类型 (向计算机表达数据的形式) 是用于表示不同种类数据的类别或分类。每种数据类型具有一组特定的值和操作，用于描述数据的性质和操作方法。了解和正确使用数据类型是编程的基础之一，因为它们决定了数据如何存储、计算和交互。

JavaScript 中有两种数据类型，分别为原始数据类型和引用数据类型。

JavaScript 的常量通常又称字面量或直接量。字面量是指表示常量值的明文文本或符号，例如 100、' 张三 '、true 等直接表示数据的数据。

 ## 2.2.1　原始（基本）数据类型

JavaScript 的原始数据类型也称为原始值，是不可变的数据类型，它们是基本的数据单元，用于存储简单的数据值。原始数据类型在 JavaScript 中有以下几种。

1. 布尔值 (Boolean) 类型

布尔值：表示逻辑值，可以是 true(真值) 或 false(假值)。

布尔值用于区分一个事物的正反两面，不是真就是假。

2. 字符串 (String) 类型

字符串：表示文本信息的一系列字符，用单引号 (') 或双引号 (" ") 括起来。

字符串由若干字符组成，字符串常量是用单引号或双引号引起来的若干字符，如 "tom" "hello world!" 等。一个字符串中可以不包含任何字符，表示一个空字符串，也可以包含一个字符。JavaScript 中没有单独的字符型。

3. 数字 (Number) 类型

数字类型：表示数值，可以是整数或浮点数。

JavaScript 不区分整数值和浮点数值，所有数字均用浮点数值表示，浮点数值包含带有小数点的数据，如 100、548、23.21、528.3、NaN 等。Number 类型中的 NaN 值，即非数值 (Not a Number) 是一个特殊的值，用于表示一个本来要返回数值的操作未返回数值的情况。例如，任何数值除以 0(其他语言会出错，终止程序的执行)，JavaScript 会返回特殊的值 NaN 和 Infinity(正无穷大)，不会影响程序执行。例如：

```
    var average = 0 / 0;      //变量 average 的值为 NaN
    var average = 120 / 0;    //变量 average 的值为 Infinity
```

任何与 NaN 进行运算的结果均为 NaN，例如：

```
NaN+28          //该表达式的值为 NaN, 任何数与 NaN 进行运算 , 结果都是 NaN
```

NaN 与自身不相等 (NaN 不与任何值相等)，例如：

```
NaN == NaN      //该表达式的值为 false
```

JavaScript 提供了 isNaN() 函数，用于判断这个值是否为 NaN。isNaN() 函数在接收到一个值之后，会尝试将这个值转换为数值，再做判断。如果这个数值是 NaN，就返回 True；如果这个数值不是 NaN，就返回 false。例如：

```
    isNaN(NaN)              //值为 true
    isNaN(28)               //值为 false, 因为 28 是一个数值 , 不是 NaN
    isNaN('28')             //值为 false, '28' 是一个字符串数值 , 隐式转换成数值 28
    isNaN('数据库 98 分')    //值为 true, '数据库 98 分' 隐式转换成 NaN
    isNaN(true)             //值为 false, true 隐式转换成数值 1
```

JavaScript 提供了 isFinite(10/0) 函数，用于判断一个值是否为无穷大。如果这个值是无穷大，则返回 false，否则返回 true。例如：

```
isFinite(10/0)        //值为 false, 10/0 的值是 Infinity
isFinite(10/1)        //值为 true, 10/1 的值是 10
```

JavaScript 提供了 toFixed() 方法，用于格式化和处理数字，通常用于限制浮点数值的小数位数，该方法的参数表示要保留小数点后多少位。例如：

```
123.4567.toFixed(2)   //值为 123.46, 参数 2 是保留 2 位小数, 最后一位进行四舍五入
```

4. 空值 (Null) 类型

空值：表示一个空值对象，它只有一个值，即 null。

JavaScript 中 null 表示对象不存在。null 常量是 Null 类型的唯一值。

5. 未定义 (Undefined) 类型

未定义：表示一个未初始化的变量或缺失的属性。

undefined 常量是 Undefined 类型的唯一值。undefined 表示已声明但未赋值的变量的变量状态或获取对象不存在的属性或无返回值的函数的执行结果等。

6. 符号 (Symbol) 类型

符号：表示唯一的不可变值，用于表示独一无二的标识符。每个通过 Symbol 创建的值都是唯一的，不能被复制或克隆，通常用于对象属性的键。

创建 Symbol：表示通过全局的 Symbol() 函数来创建一个新的 Symbol 值。Symol() 函数可以传递一个可选的描述字符串，用于标识和调试。

即使 Symbol 函数的描述相同，创建 Symbol 的值也都是唯一的。

示例 2-1　代码清单如下：

```
const symbol1 = Symbol('description');
const symbol2 = Symbol('description');
console.log(symbol1 === symbol2);         //输出：false
const namedSymbol = Symbol('mySymbol');
console.log(namedSymbol.description);     //输出：mySymbol
```

总之，Symbol 是一种用于创建唯一标识符的原始数据类型，在 JavaScript 编程中具有多种用途，尤其在避免命名冲突和创建私有属性等方面非常有用。

2.2.2　引用（复杂）数据类型

JavaScript 的引用数据类型是一种复杂的数据类型，它可以用于存储和操作多个值或对象。引用数据类型与原始数据类型 (如字符串、数字、布尔值等) 不同，引用数据类型是可变的，具有属性和方法。以下是 JavaScript 中常见的引用数据类型。

1. 对象 (Object) 类型

对象：表示一个具体的实体，可以包含属性和方法。

对象字面量是由若干属性名与属性值组成的映射表，对象是一组属性的集合，属性名与属性值中间用冒号分隔，属性名与属性值对之间用逗号分隔，整个映射表用花括号括起来，例如 {name:"tom",age:13}、{x:1,y:2} 等。通过"对象 . 属性名或对象 [属性名字符串]"来访问对象的属性，例如 p1={x:100,y:200}，则 p1.x 的值为 100。

2. 数组 (Array) 类型

数组：表示一个有序的数据集合，可以包含多个值。

数组字面量使用方括号 ([]) 把数据集合括起来，方括号 ([]) 中的元素 (数据) 之间用逗号分隔，元素可以包含任何数据类型。例如 [1,2,3]、["apple","banana","cherry"] 等。可以使用"数组名 [索引号]"来访问每个数组元素，数组中第一个元素的索引号为 0，其后的每个元素的索引号依次递增 1，索引号也常称之为下标。例如，arr=[100,200,300]，则 arr[1] 的值为 200。

3. 函数 (Function) 类型

函数：表示一个可执行的代码块。

函数字面量定义了可执行的代码块，通常用于创建匿名函数。例如：function() { return "Hello,world";} 。

4. 日期 (Date) 类型

日期：用于表示日期和时间信息。

5. 正则表达式 (RegExp)

正则表达式：用于进行文本匹配和模式查找。

6. 集合 (Set、WeakSet) 类型

Set(集合)：每个值在集合中只出现一次，以存储任何数据类型的值。

WeakSet(弱集合)：一种特殊类型的集合，其中存储的值必须是对象，并且对这些对象的引用是弱引用。这意味着如果对象在其他地方不再被引用，它们将被垃圾回收器回收，从而使得 WeakSet 中对应的项也被自动删除。

7. 映射 (Map、WeakMap) 类型

Map(映射)：一种键值对的集合，每个键都是唯一的，并且与一个值相关联。Map 可以存储任意类型的键和值，包括原始值、对象、函数等。

WeakMap(弱映射)：WeakMap 与 Map 类似，也是一种键值对的集合，但其中的键必须是对象，而值可以是任意类型。与 Map 不同的是，WeakMap 中的键是弱引用，这意味着如果键不再被其他对象引用，它们可以被垃圾回收器回收，相应的键值对也会被自动移除。

2.3　变量与常量

变量是一块用来存储数据的内存的标识，采用标识符来表示，其中的数据是可以更改的。JavaScript 采用弱类型的变量形式，在声明变量时，不用指定其数据类型，而且它可以被随时赋值为任意类型的数据，解释器会根据上下文自动对其选型。

 ## 2.3.1　变量、常量声明

1. 用 var 关键字声明变量

使用 var 关键字声明变量的语法如下：

```
var variableName;
```

其中：var 是关键字，用于声明变量；variableName 是变量名，可以使用任何有效的标识符名称。

例如：

```
var userName;
```

上面这条语句定义了一个变量 userName，但没有对它赋值，这时变量的值为 undefined。也可以在声明变量的同时为其赋值，例如：

```
var userName='tom';
```

该语句定义了变量 userName，并赋给了一个字符串类型的值。还可以在程序中对已赋值的变量赋给一个其他类型的数据。例如：

```
userName=null;
```

2. 用 let 关键字声明变量

ES6 新增了 let 命令，用来声明变量。与用 var 声明变量相比，用 let 声明变量有以下特点。

(1) let 所声明的变量不允许重复声明。let 不允许在相同作用域内重复声明同一个变量。

示例 2-2　代码清单如下：

```
let a= 100;
let a = 200;
console.log(a);
```

运行上述代码，运行到"let a = 200;"时，命令行输出以下错误信息：

```
Uncaught SyntaxError：Identifier 'a' has already been declared
```

(2) let 所声明的变量不存在变量提升。用 var 声明的变量，可以在声明之前使用，值为 undefined，不会报错。而用 let 声明的变量一定要在声明后使用，否则会报错。let

所声明的变量在使用时需要遵循"先定义，后使用"的原则。

示例 2-3　代码清单如下：

```
console.log(a);  //输出：undefined
var a;
console.log(b);
let b= 300;
```

运行上述程序，运行到"console.log(b);"时，命令行输出以下错误信息：

```
Uncaught ReferenceError: Cannot access 'b' before initialization
```

(3) let 所声明的变量只在所处的块级作用域有效。在 ES5 中用 var 声明的变量只有全局作用域和局部作用域。局部作用域即函数作用域，是以函数来划分的，在 ES6 中新增块级作用域。

块级作用域是由一对大括号产生的作用域，一对大括号就代表块级作用域，用 let 声明的变量是块级作用域变量，只能在块级内使用。在业务逻辑比较复杂时，块级作用域能防止内层变量修改外层变量。

示例 2-4　代码清单如下：

```
{
    let c=400;
    console.log(c);
}
console.log(c);
```

运行上述程序，运行到最后一条"console.log(c);"时，命令行输出以下错误信息：

```
Uncaught ReferenceError: c is not defined
```

上述代码中的一对大括号产生了块级作用域，在该作用域中用 let 声明的变量 c 只在该块级作用域内有效，在该块级作用域之外使用就会报错。

[注：以下 (4)、(5) 的内容在学习完"2.8 流程控制语句"节之后再来学习。]

(4) let 所声明的变量具有暂时性死区特性。

let 所声明的变量具有暂时性死区特性，可以防止内层变量修改外层变量。

示例 2-5　代码清单如下：

```
var d = 500;
if(true){
    d = 600;
    let d;
}
```

运行上述程序，运行到 if 语句块中的"d = 600;"语句时，命令行输出以下错误信息：

```
Uncaught ReferenceError: Cannot access 'd' before initialization
```

在 ES6 规范中，块级作用域中 let 声明的变量，从该块级作用域开始就形成了封闭作用域，不再受外部代码影响。在示例 2-5 中，外层的变量 d 不能在这个块级作用域内使用。又因为 let 声明的变量不存在变量提升，所以凡是在声明之前使用这些变量，就会报错，这在语法上称为"暂时性死区"。

(5) let 命令与 for 语句。

① 使用 let 声明循环变量，可以防止循环变量变成全局变量。

示例 2-6　代码清单如下：

```
for (let i = 0; i < 3; i++) {
    console.log(i);
}
console.log(i);
```

程序运行后，在控制台中输出：

```
0
1
2
```

运行到最后一条"console.log(i);"时，命令行输出以下错误信息：

```
Uncaught ReferenceError: i is not defined
```

可见，在 for 语句的条件表达式中，用 let 声明的循环变量，作用域在 for 语句范围内。

② 在 for 语句条件表达式中声明的变量与在循环体中声明的变量不在同一作用域。

示例 2-7　代码清单如下：

```
for (let i = 0; i < 3; i++) {
        let i = 100; //与上一行循环变量 i 不在同一作用域，所以可以声明成功
        console.log(i);
}
```

程序运行后，在控制台中输出：

```
100
100
100
```

在 for 语句条件表达式中声明的变量与在循环体中声明的变量不在同一作用域，设置循环变量的那部分是一个父作用域，而循环体内部是一个单独的子作用域。

③ 每次循环都会产生一个块级作用域。

示例 2-8　代码清单如下：

```
var a = [];
for (let i = 0; i < 3; i++) {
    a[i] = function () {
        console.log(i);
    };
}
a[0]();
a[1]();
a[2]();
```

该示例在 for 循环语句定义了 3 个函数 a[0]、a[1]、a[2]，然后调用函数 a[0]、a[1]、a[2]，在控制台中输出：

```
0
1
2
```

每次循环都会产生一个块级作用域，每个块级作用域中的变量都是不同的，函数执行时输出的是自己上级作用域下的 i 值。因为变量 i 是 let 声明的，当前的 i 只在本轮循环有效，所以每次循环的 i 其实都是一个新的变量。

3. 用 const 关键字声明常量

const 命令用来声明一个只读的常量，一旦声明，值就不能改变，有以下特点：

(1) const 声明常量时必须赋值。

例如：

```
const pi=3.14;
```

声明并赋值。

```
const e;
```

只声明不赋值，执行"const e;"语句，就会输出以下声明未初始化错误：

Uncaught SyntaxError: Missing initializer in const declaration

(2) const 声明常量并赋值后，值不能修改。

示例 2-9　代码清单如下：

```
const e=3.14;
console.log(e);
e=700;
console.log(e);
```

程序运行后，在控制台中输出：

```
3.14
```

Uncaught TypeError: Assignment to constant variable.

运行到"console.log(e);"语句时，在控制台输出"3.14"；运行到"e=700;"语句时，在控制台输出报错信息。可见用 const 声明的量，只能读它的值，不能改写它的值。

注：对于基本数据类型的值（如数字、布尔类型），值不可修改。对于复杂数据类型（如数组、对象），虽然不能重新赋值，但是可以更改数据结构内部的值。

示例 2-10　代码清单如下：

```
const fruit=['apple', 'banana']
fruit[0]=100;
fruit[1]=200;
console.log(fruit);
fruit=[300, 400];
```

程序运行后，在控制台中输出：

```
[100, 200]
```

Uncaught TypeError: Assignment to constant variable.

"fruit[0]=100;fruit[1]=200;"语句成功修改了数组元素的值，但运行到"fruit=[300，400];"语句时报错，不能给 fruit[] 常量赋新值。

(3) const 命令的其他特性与 let 相同，声明常量也有块级作用域，不存在变量提升。

4. var、let、const 三者之间的区别

var、let、const 三者之间的区别如表 2-1 所示。

表 2-1　var、let、const 三者之间的区别

项　目	var	let	const
作用域	函数级作用域	块级作用域	块级作用域
变量提升否	变量提升	变量不提升	变量不提升
值可更改否	值可更改	值可更改	值不可更改

在编写程序的过程中，如果要存储的数据需要更改，建议使用 let 代替 var；如果要存储的数据不需要更改，建议使用 const 关键字，如数学公式中一些恒定不变的值、函数的定义等。由于使用 const 声明的常量，其值不能更改，且 JavaScript 解析引擎不需要实时监控值的变化，因此使用 const 关键字比使用 let 关键字效率更高。

2.3.2　变量的解构赋值

变量的解构赋值是指 ES6 允许按照一一对应的方式，从数组和对象中提取值，对变量进行赋值。

1. 数组的解构赋值

从数组中提取值，按照对应位置对变量赋值。基本语法形式：

```
let [ 变量名 1, 变量名 2, ...]= 数组
```

等号左边的中括号中是变量名列表，等号右边是具体被解构的数组，从右边的数组中依次提取数值，并对左边对应位置的变量赋值。变量个数与数组中的元素个数存在以下 3 种情况：

(1) 变量个数和数组中的元素个数相同。

示例 2-11　代码清单如下：

```
let [a, b, c] = [1, 2, 3];
console.log(a);
console.log(b);
console.log(c);
```

程序运行后，在控制台中输出：

```
1
2
3
```

该示例中，let [a,b,c] = [1,2,3]，左右两边元素的个数相等，每个变量都有赋值，此语句实现从等号右边的数组 [1,2,3] 中依次提取数值，并依次对等号左边对应位置的 a，b，c 变量赋值，效果等价于：

```
let a = 1;
let b = 2;
```

```
let c = 3;
```

(2) 变量个数小于数组中的元素个数。

示例 2-12   代码清单如下：

```
let [a, b] = [1, 2, 3];
console.log(a);
console.log(b);
```

程序运行后，在控制台中输出：

```
1
2
```

该示例中，let [a,b] = [1,2,3]，右边数组的元素个数大于左边的变量个数，此语句仍能实现对 a，b 变量赋值，值分别为 1，2。

(3) 变量个数大于数组中的元素个数。

示例 2-13   代码清单如下：

```
let [a, b, c] = [1, 2];
console.log(a);
console.log(b);
console.log(c);
```

程序运行后，在控制台中输出：

```
1
2
undefined
```

该示例是右边数组的元素个数少于左边的变量个数，此语句仍能实现对前两个变量 a，b 赋值，值分别为 1，2，变量 c 在数组没有值可取了，其值为 undefined。

2. 对象的解构赋值

因为对象的属性没有次序，所以变量名必须与属性名同名，才能在对象中取到值。基本语法形式：

```
let { 变量名 1, 变量名 2, ...} = 对象
```

等号左边的大括号中是变量名列表，等号右边是具体被解构的对象，变量的名称匹配对象的属性名。如果匹配成功，就将对象中该属性的值赋给变量；如果未匹配成功，变量的值为 undefined。

示例 2-14   代码清单如下：

```
let { id, name, tel } = { id: '001', tel: '888888', name: 'tom' };
console.log(id);
console.log(name);
console.log(tel);
```

程序运行后，在控制台中输出：

```
001
tom
```

888888

变量名与属性名同名的相对应赋值。

示例 2-15　代码清单如下：

```
let { id, name, tel } = { id: '001', name: 'tom' };
console.log(id);
console.log(name);
console.log(tel);
```

程序运行后，在控制台中输出：

```
001
tom
undefined
```

变量 tel 在右边的对象中没有对应的属性名，值为 undefined。

2.4　数据类型的转换

JavaScript 是一种弱类型语言，在代码执行过程中，JavaScript 会根据需要进行自动类型转换 (隐式转换)，也可以强制转换类型，但是在转换时要遵循一定的规则，表 2-2 介绍了几种常用数据类型之间的转换规则。

表 2-2　几种常用数据类型之间的转换规则

原类型值		转换类型		
		Number	String	Boolean
Number	任何非零数值（包括无穷大）		数字字符串例：'100'、'NaN'、'0'	true
	0 和 NaN			false
String	纯数字的字符串例："45"	原数值例 45	非空字符串	true
	非纯数字的字符串例："a4"	NaN		
	空字符串	0	空字符串	false
Boolean	true	1	"true"	
	false	0	"false"	
Null	null	0	"null"	false
Undefined	undefined	NaN	"undefined"	false
Object	{}	NaN	[object Object]	true

从表 2-2 中可以看出 JavaScript 中其他类型转布尔值类型时，只有 0、NaN、false、null、undefined、空字符串这 6 个数转布尔值是 false，其余都是 true。

JavaScript 数据类型转换方法主要有以下三种。

1. 类型转换函数

JavaScript 提供了 parseInt() 和 parseFloat() 两个类型转换函数。前者把值转换成整数，后者把值转换成浮点数。当参数为 String 类型时，这两个函数才能正确运行，对其他类型返回的都是 NaN。在进行转换时，parseInt() 和 parseFloat() 都会仔细分析该字符串。

parseInt() 方法首先查看位置 0 处的字符，判断它是否为有效数字。如果 0 处的字符不是有效数字，则该方法将返回 NaN，不再继续执行其他操作；如果 0 处的字符是有效数字，则该方法将查看位置 1 处的字符，进行同样的判断，这一过程将持续到发现非有效数字的字符为止，此时 parseInt() 将把该字符之前的字符串转换成数字。例如：

<pre>parseInt('200px')   //值为 200,当它检测到字符 p 时，就会停止检测过程</pre>

parseFloat() 方法与 parseInt() 方法的处理方式相似，从位置 0 开始查看每个字符，直到找到第一个非有效数字的字符为止，然后把该字符之前的字符串转换成数字。例如：

<pre>parseFloat('12.34 元 ') //值为 12.34</pre>

parseFloat() 方法认为第一个出现的小数点是有效字符，如果有两个小数点，第二个小数点将被看作无效，会把第二个小数点之前的字符串转换成数字，这意味着字符串 "125.55.5" 将被解析成 125.55。

2. 强制类型转换

根据需求可以对数据类型进行强制转换，强制类型转换是通过类型转换运算来实现的。其一般形式为：类型说明符 (表达式)。其功能是把表达式的运算结果强制转换成类型说明符所表示的类型。JavaScript 中可用的 3 种强制类型转换方法如下：

(1) Boolean(value)——把给定的值转换成 Boolean 型。

(2) Number(value)——把给定的值转换成数字 (可以是整数或浮点数)。

(3) String(value)——把给定的值转换成字符串。

例如：

<pre>Boolean(null);   //值为 Boolean 类型的 false 值
Number("4ab");   //值为 Number 类型的 NaN 值
String (null);   //值为 String 类型的 "null"</pre>

3. 隐式类型转换

隐式类型转换是 JavaScript 根据程序运算需要而进行自动转换。

(1) 算术运算中的隐式类型转换。在进行算术运算时，不同类型的数据必须转换成同一类型的数据才能运算。算术转换原则为：

① 在进行"+"运算时的隐式类型转换。如果是数字类型与字符串数字相加，那么数字类型会转换成字符串型；如果是数字类型与除字符串的其他类型相加，那么 JavaScript 会先调用 Number() 将其转换成数字后再进行相加运算。

例如：

(201 + '7') 的值是 "2017"，因为数字 201 转换成字符串，"+" 在字符串运算中表示字符串连接。

(201+true) 的值是 202, 因为 true 转换成数字 1

② 在进行 "-""*""/""％""++""--" 运算时的隐式类型转换。如果某个操作数不是数字类型，那么 JavaScript 会先调用 Number() 将其转换成数字后再进行运算。

示例 2-16 代码清单如下：

```
console.log('200'-3);        //输出：197( 因为字符串 '200' 被转换成数值类型 200)
console.log (true*3);        //输出：3( 因为布尔值 true 被转换成 1)
console.log ('60'/3);        //输出：20( 因为字符串 '60' 被转换成 60)
console.log ('60'%3);        //输出：0( 因为字符串 '60' 被转换成 60)
var b='50';
console.log (--b);           //输出：49( 因为字符串 '50' 被转换成 50)
var b='50';
console.log (b++);           //输出：50( 因为字符串 '50' 被转换成 50)
```

程序输出结果及解释已备注在注释中。

(2) 关系运算中的隐式类型转换。

① 在进行 ">"" <" 运算时的隐式类型转换。如果两个操作数都是字符串，则比较字符编码，从第一个字符编码开始比较。如果一个是数值，则将另一个转换为数字类型。例如：

('100' > "9") 的值为 false，因为是字符串的比较，比较的字符是字符编码。

('100' > 9) 的值为 ture，因为字符串 '100' 被转换成数值 100。

② 在进行 "==" 比较运算时的隐式类型转换。同类型比较，直接进行"值"比较；不同类型间比较，自动转化成同一类型后的值再比较。例如：('2' == 2) 的值是 true。

这里要区分"=="和"==="。" ==="不进行类型转换，如果类型不同，其结果就是不等。例如：

('2' === 2)   //值为 false，因为 '2' 是字符串，2 是数字，类型不相同

(3) 逻辑运算中的隐式类型转换。

① 在进行 "!" 运算时的隐式类型转换。自动把 "!" 运算符右边的数据类型转成布尔值后再运算。例如：

(!'50');   //值为 false, 因为字符串 '50' 被转换成布尔值 true

(注：以下②的内容在学习完 "2.8 流程控制语句"节之后再来学习。)

② 条件语句中条件表达式的隐式类型转换。条件语句中条件表达式的值是布尔值，表达式的值不是布尔值类型的会自动转换为布尔值。

示例 2-17 代码清单如下：

```
var name="tom";
if(name){
        console.log("姓名"+name);
}else{
```

```
        console.log ("请填写姓名信息");
    }
```

if 语句中条件表达式的 name 隐式地转换成 Boolean 类型，值为 true。程序运行会弹出"我的姓名 tom"。如果给 name 赋值为空字符串"var name="";"，程序运行会弹出"请填写姓名信息"。因为 name 的值为空字符，空字符串转换成布尔值是 false。

③ 在进行 isNaN() 运算时的隐式类型转换。isNaN() 运算返回的结果是布尔值，参数不是数字类型的，会自动转换成数字类型。

例如：

```
isNaN("28")      //值为 false，"28" 隐式转换成数字类型值 28
isNaN("89a")     //值为 true，"89a" 隐式转换成数字类型值 NaN
isNaN(true)      //值为 false，true 隐式转换成数字类型值 1
```

2.5 数据类型的检测方法

2.5.1 使用 typeof 操作符

typeof 操作符是用来检测变量数据类型的。typeof 操作符可以操作变量，也可以操作字面量。对于值或变量，使用 typeof 操作符会返回表 2-3 所示的字符串。

表 2-3 typeof 操作符的返回值表

字 符 串	描 述
undefined	未定义
boolean	布尔值
string	字符串
number	数值
object	对象，除函数类型的其他引用类型或者 null
function	函数

各返回值的说明如下：

(1) 返回值 undefined。变量没有赋值或没有声明的变量，返回值为 undefined。例如：

```
var u;
console.log(typeof u);    //输出：undefined(u 声明了但未赋值 )
console.log(typeof i);    //输出：undefined(i 没有声明 )
```

(2) 返回值 boolean。对 Boolean 类型的数据，返回值为 boolean。例如：

```
var b = true;
console.log( typeof b);   //输出：boolean
```

(3) 返回值 string。对字符串 String 类型的数据，返回值为 string。例如：

```
var name="tom";
console.log(typeof name);    //输出：string
```

(4) 返回值 number。对 Number 类型的数据 (整数或浮点数)，返回值为 number。例如：

```
var i = 20;
var f = 12.3;
console.log(typeof i);    //输出：number
console.log(typeof f);    //输出：number
```

(5) 返回值 object。对数组、对象等引用型数据 (除函数 Function) 和 Null 类型的数据，返回值为 object。例如：

```
var obj = new Object();
console.log(typeof obj);            //输出：object
array = [ "apple", "pear", "banana" ];
console.log(typeof array);            //输出：object
var n = null;
console.log(typeof n);                //输出：object
```

(6) 返回值 function。对用 function 定义的函数，返回值为 function。例如：

```
function fn() {
        console.log ("I am a function ");
}
console.log (typeof fn);            //输出：function
```

 ### 2.5.2　使用 instanceof 操作符

instanceof 操作符用于检查对象是否为特定类的实例，通常用于检查对象是否为某个构造函数的实例。

instanceof 操作符的语法如下：

```
object instanceof constructor
```

其中：object 表示要检测类型的对象；constructor 表示构造函数或类的名称。例如：

```
const myArray = [];
myArray instanceof Array;        //返回 true，myArray 是 Array 的实例
```

2.6　运　算　符

运算符是一种特殊符号，一般由一个或两个符号组成，用于实现数据之间的运算、赋值和比较。常用的运算符有以下几种。

1. 算术运算符

算术运算符用于执行变量或值之间的算术运算。算术运算符有 +（加）、-（减）、×（乘）、/（除）、%（取模）、++（递加 1）、--（递减 1）。表 2-4 是算术运算符的描述及应用。

表 2-4　算术运算符

运算符	描　述	例　子	结　　果
+	加	x=3+2	x=5
-	减	x=3-2	x=1
×	乘	x=3×2	x=6
/	除	x=3/2	x=1.5
%	求余数（取模）	x=3%2	x=1
++	递加 1	y=2，x=++y	x=3，y=3 注："++"在变量的前面，在运算之前先将自己加 1，再将新的值参与其他运算
--	递减 1	y=2，x=y--	x=2，y=1 注："--"在变量的后面，将原值参与运算后，再将自己减 1

"+"也能实现两个字符相连，只要表达式中有一个字符串，"+"就用于将字符串与其他数据类型的数据相连，形成一个新的字符串，例如：9+"school" 的结果是 "9school"。

如果参与算术运算的数据不是数字类型数据，那么 JavaScript 会先使用 Number() 转型函数将其转换为数字类型，详见"2.4 数据类型的转换"节的"隐式类型转换"。

2. 赋值运算符

赋值运算符用于给 JavaScript 变量赋值。赋值运算符用等于号 "=" 表示，就是把右边的值赋给左边的变量，如 var sum = 100。表 2-5 是复合赋值运算符的应用举例。

表 2-5　复合赋值运算符

运算符	例　子	等价于
+=	x+=y	x=x+y
-=	x-=y	x=x-y
*=	x*=y	x=x*y
/=	x/=y	x=x/y
%=	x%=y	x=x%y

3. 关系运算符

关系运算符用于比较，有 >（大于）、<（小于）、>=（大于等于）、<=（小于等于）、==（等于）、!=（不等于）、===（全等）。它根据比较结果返回一个布尔值 (true

第 2 章　JavaScript 编程基础　　31

或 false)。表 2-6 是关系运算符的描述及应用。

表 2-6　关系运算符

运算符	描　述	例子 (给定 x=3)
>	大于	x>5，该表达式的值为 false
<	小于	x<5，该表达式的值为 true
>=	大于等于	x>=5，该表达式的值为 false
<=	小于等于	x<=5，该表达式的值为 true
==	等于	x==5，该表达式的值为 false
!=	不等于	x!=5，该表达式的值为 true
===	全等 (值和类型都要相等)	x===3 为 true；x==="5" 为 false

在关系表达式中，若两个操作数都是数值，则比较两个数值；

在关系表达式中，若两个操作数都是字符串，则比较两个字符串对应的字符编码值，例如：

```
var ap= 'a' > 'b';  //变量 ap 的值为 false，因为 a 字符编码值为 97，b 字符编码值为 98
var ap= 'a' > 'B';  //变量 ap 的值为 true，因为 B 字符编码为 66
```

在关系表达式中，若两个操作数中有一个是数字类型，则将另一个转换为数字类型，再进行数值比较，详见 "2.4 数据类型转换" 节的 "隐式类型转换"。

4. 逻辑运算符

逻辑运算符通常用于布尔值的操作，一般和关系运算符配合使用。逻辑运算符有 3 个：&(逻辑与)、||(逻辑或)、!(逻辑非)。& 运算：只有当两个操作数都为 true 时，结果才为 true，其他情况结果都为 false；|| 运算：只要有一个操作数为 true，结果就为 true；! 运算：取反，真值变假值，假值变真值。

示例 2-18　代码清单如下：

```
var x="d";
console.log (x>="a"&&x<="z");        //输出：true
console.log (x>="a"||x<="z");        //输出：true
console.log (!x>="a");               //输出：false
```

5. 条件运算符

最常用的条件运算符（"?:"）是三元条件运算符，使用格式为

　　条件表达式? 表达式 1: 表达式 2

当条件表达式的值为真时，整个表达式的值为表达式 1 的值；当条件表达式的值为假时，整个表达式的值为表达式 2 的值。例如：

```
var  bx = 7 > 4 ? '对' : '错';
```

bx 值为 ' 对 '，因为 7>4 值为 true，则把 '对' 赋值给 bx。

6. 扩展运算符

扩展运算符用于展开数组、对象、字符串等可迭代对象的元素。它的语法是 3 个连续的点 (...)。

(1) 展开数组：将一个数组中的元素展开为独立的值，方便将一个数组的元素合并到另一个数组中。例如：

```
const arr1 = [1, 2, 3];
const arr2 = [4, 5, 6];
const combined =[...arr1, ...arr2];   //合并两个数组
```

combined 中的元素是 [1，2，3，4，5，6]。

(2) 展开对象：将一个对象展开为独立的键值对，方便复制或合并对象。例如：

```
const obj1 = { name: "张三", age: 30 };
const obj2 = { city: "北京" };
const merged = { ...obj1, ...obj2 };   //合并两个对象
```

merged 对象是 { name： " 张三 "，age：30，city： " 北京 " }。

(3) 展开字符串：将字符串展开为字符数组。例如：

```
const str = "Hello";
const chars = [...str];  //将字符串展开为字符数组
```

chars 数组中的元素是 ["H", "e", "l", "l", "o"]。

扩展运算符还可以展开其他可迭代对象的元素，将在后续章节中讲述。

7. 运算符的运算顺序

对于一个包含多种运算符的表达式，计算顺序基本与数学中的计算顺序一致，在编写程序时，最好对优先级高的运算加上括号，以免引起错误。JavaScript 运算符的优先级及结合性如表 2-7 所示。

表 2-7　运算符优先级

赋值运算符	结合性	运　算　符
最高	向左	.、[ ]、()
由高到低依次排列	向右	++、--、-、!、new、typeof
	向左	*、/、%
	向左	+、-
	向左	<、<=、>、>=
	向左	= =、!=、= = =、!= = =
	向左	&
	向左	&&
	向左	||
	向右	?:
	向右	=
	向右	*=、/=、%=、+=、-=

2.7　表　达　式

表达式是程序运行时进行计算的式子，计算结果是一个单一值。表达式由常量、变量及运算符组成。

(1) 表达式可以是一个数，例如 100、'hello'、NaN、true 等字面量；

(2) 表达式可以是变量，例如 userName、age、count 等已声明的变量；

(3) 表达式可以是由运算符连接常量、变量组成的式子，例如 x+3、8*9、i++ 等。

函数或方法调用（例如 Math.Max(1,2,4)）、访问对象属性（例如 obj.name）、访问数组元素（例如 arr[1]）、创建对象 (new Date()) 等都是表达式，这些表达式在后续章节中讲述。

2.8　流程控制语句

2.8.1　条件选择语句

条件选择语句是对不同条件的值进行判断，根据不同条件选择执行不同语句。条件选择语句主要包括两类：if 选择语句和 switch 选择语句。

1. if 语句

基本语法：

```
if ( 条件表达式 ) {
        语句块 ;
}
```

语法说明：

关键字：if 关键字。

条件表达式：必选项，可以是任何一种逻辑表达式，结果是布尔值 true 或 false。如果是其他表达式，JavaScript 会自动调用 Boolean() 转型函数，将这个表达式的结果转换成一个布尔值。

语句块：当条件表达式的值为 true 时，执行该语句块。

if 语句的执行流程：首先计算条件表达式的值，如果条件表达式的值为 true，则程序先执行后面大括号 {} 中的语句块，然后执行 if 语句后面的其他语句；如果条件表达式的值为 false，则程序跳过大括号 {} 中的语句块，直接去执行 if 语句后面的其他语句。

if 语句执行流程如图 2-1 所示。

示例 2-19   代码清单如下：

```
var score= 68;
if (score> =90){
    console.log ('成绩优秀'); //条件为 true, 执行这个代码块
}
```

上面的条件语句先判断 score 的值是否大于等于 90，如果条件成立，则输出"成绩优秀"，否则什么也不做。由于 score 的值是 68，语句不会执行。

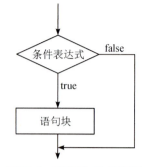

图 2-1   if 语句执行流程

2. if…else 语句

if…else 语句是 if 语句的标准形式，在 if 语句简单形式的基础上增加一个 else 从句，当"条件表达式"的值为 false 时，则执行 else 从句的语句。

基本语法：

```
if ( 条件表达式 ) {
    语句块 1;
} else {
    语句块 2;
}
```

if…else 语句的执行流程：首先对条件表达式的值进行判断，如果它的值是 true，则执行语句块 1，否则执行语句块 2。对于一次条件判断，语句块 1 和语句块 2 只能有一个被执行，不能同时被执行。if…else 语句执行流程如图 2-2 所示。

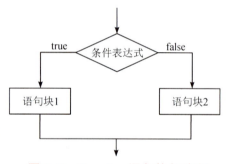

图 2-2   if…else 语句执行流程

示例 2-20   代码清单如下：

```
var score=68;
if (score>=90){
    console.log ('成绩优秀');            //条件为 true, 执行这个代码块
} else {
    console.log ('成绩一般');            //条件为 false, 执行这个代码块
}
```

程序运行后，在控制台中输出：成绩一般。

这是因为 if 条件语句首先判断 score 的值是否大于等于 90，如果条件成立，则输出"成绩优秀"，否则输出"成绩一般"。由于 score 的值是 68，所以输出"成绩一般"。

3. if…else if…else 语句

该语句是多分支结构，但对于一次条件判断，只能选择一个分支执行。

基本语法：

```
if ( 条件表达式 1) {
    语句块 1;
```

```
} else if ( 条件表达式 2) {
语句块 2;
}
…
else if ( 条件表达式 n) {
语句块 n;
} else {
    语句块 n+1;
}
```

if…else if…else 语句的执行流程：首先计算表达式 1 的值，如果为 true，则执行语句块 1，否则计算表达式 2 的值，如果为 true，则执行语句块 2，否则，……，以此类推，直至计算表达式 *n* 的值，如果为 true，则执行语句块 *n*，如果为 false，此时如果有语句块 *n*+1，则执行，否则执行 if…else if…else 语句的下一条语句。if…else if…else 语句执行流程如图 2-3 所示。

示例 2-21　代码清单如下：

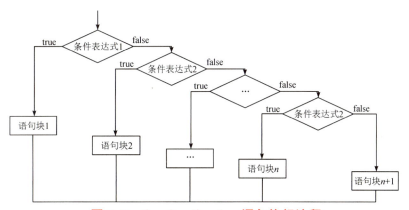

图 2-3　if…else if…else 语句执行流程

```
var score = 100;
if (score >= 90) {                      //如果满足条件 , 则不会执行下面任何分支
    console.log ('A');
} else if (score >= 80) {
    console.log ('B');
} else if (score >= 70) {
    console.log ('C');
} else if (score >= 60) {
    console.log ('D');
} else {
    console.log ('F');                  //如果以上条件都不满足 , 则输出"F"
}
```

程序输出结果是"A"。首先计算第一个表达式的值，因为 score 值为 100，大于等于 90，条件表达式为 true，所以执行语句 console.log ('A')，结果输出"A"。

4. switch 语句

switch 语句用于将一个表达式的结果同多个值进行比较，并根据比较结果来选择要执行的语句。使用 switch 语句处理多分支选择结构可以简化程序的结构。

基本语法：

```
switch ( 表达式 ) {
        case 常量 1:
                语句块 1;
                break;
        case 常量 2:
                语句块 2;
                break;
        …
        case 常量 n:
                语句块 n;
                break;
        default:
                语句 n+1;
                break;
    }
```

语法说明：

关键字：switch、case、default 均为关键字；

表达式：表达式的值控制程序的执行过程；常量 i(i=1,2,…,n) 的类型应与表达式的类型相同，根据表达式计算结果，在常量中查找，常量具有唯一性；

语句块：允许由一条语句或多条语句组成，这些语句可以用大括号 {} 括起来，也可以不用大括号 {} 括起来；

break 语句：作为中断语句，在完成 case 分支规定的操作后直接跳出 switch 结构；

default 语句：语句是可以选的，用于处理 case 语句定义的值以外的其他值。

switch 语句的执行流程：

第一步：计算表达式的值；

第二步：将计算结果依次与每一个 case 的常量进行比较。如果与某个 case 常量相等，则执行该 case 常量后的语句块，语句块后如有 break 语句，则直接结束 switch 语句的执行。如果没有 break 语句，则无条件执行下一条 case 语句，直到 switch 语句结束或碰到 break 语句，结束 switch 语句的执行；

第三步：如果没有找到与计算结果匹配的常量，则检查是否存在 default 分支。若有 default 分支，则执行 default 后的语句块，并结束 switch 语句的执行；若没有 default 分支，则直接结束 switch 语句的执行。

switch 语句执行流程如图 2-4 所示。

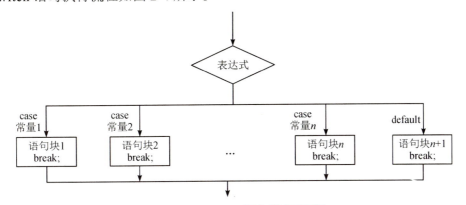

图 2-4　switch 语句执行流程

示例 2-22　把阿拉伯数字 1、2、3、4 翻译成英语，实现的代码清单如下：

```
var number= 1;
switch (number) {
    case 1 :
        console.log ('one');
        break;
    case 2 :
        console.log ('two');
        break;
    case 3 :
        console.log ('three');
        break;
    case 4 :
        console.log ('four');
        break;
    default :        //相当于 if 语句里的 else, 否则的意思
        console.log ('error');
}
```

程序输出结果为"one"。因为 number 的值为 1，所以执行第一个 case 语句后的代码块，输出"one"，该语句块最后有 break 语句，结束了 switch 语句的执行。

 ## 2.8.2　循环语句

1. while 语句

while 语句是循环语句，也是条件判断语句。
基本语法：

```
while ( 条件表达式 ) {
```

```
        语句块 ( 循环体 );
    }
```

语法说明：

关键字：while 关键字。

条件表达式：作为循环控制条件，通常是关系表达式或逻辑关系表达式，其结果值为 true 或 false。

循环体：满足循环条件时反复执行的语句序列，可以是一条简单语句，也可以是由多条语句构成的复合语句。

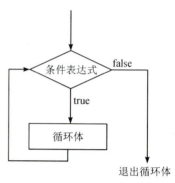

图 2-5　while 语句执行流程

while 语句的执行流程：计算条件表达式的值，当条件表达式的值为 true 时，执行大括号 {} 中的循环体，当执行完循环体语句后，再次检测条件表达式的值，如果值还为 true，则重复执行循环体，如此往复，直到条件表达式的值为 false，结束整个循环过程，接着往下执行 while 语句后面的程序语句。while 语句执行流程如图 2-5 所示。

示例 2-23　代码清单如下：

```
    var count= 1;
    while (count<= 5) {        //先判断，再执行
            console.log(count);
            count++;
    }
```

程序运行后，在控制台中输出：

```
    1
    2
    3
    4
    5
```

这是因为 count 的初值是 1，小于等于 5，执行循环体，在循环体中 count 的值加 1，再去判断是否小于等于 5，如此往复，直到 count 的值为 6 时，条件表达式为 false，结束循环。count 的值决定了循环是否继续，这种控制循环是否执行的变量称为循环控制变量。

循环体中必须有使循环趋于结束的语句，以保证循环的正常结束。示例 2-23 中利用 count++ 实现循环控制变量的改变，否则将导致循环无限进行，进入死循环。

while 循环的次数一般不能事先确定，需要根据循环条件表达式的值来判定，如果开始的循环条件为 false，则循环体一次也不执行（执行 0 次）。也就是说，必须满足条件之后，方可运行循环体。

2. do…while 语句

do…while 语句也是循环语句。

基本语法：

> do {
>
> 　　　语句块 (循环体);
>
> } while (条件表达式);

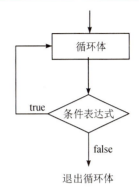

图 2-6　do...while 语句执行流程

do...while 语句是一种先运行、后判断的循环语句。也就是说，不管是否满足条件，至少先运行一次循环体。

do...while 循环与 while 循环的不同在于：它先执行循环中的语句，然后判断表达式是否为 true，如果为 true 则继续循环；如果为 false，则终止循环。因此，do...while 循环至少要执行一次循环体语句。do...while 语句执行流程如图2-6 所示。

示例 2-24　代码清单如下：

```
var count= 10
do {
        console.log(count);
        count++;
} while (count<= 5);
```

程序输出结果是 10。程序先执行循环体再判断条件，第一次判断条件就不成立，终止循环。

3. for 语句

for 语句也是一种先判断、后运行的循环语句。for 语句是循环结构中使用最广泛的循环控制语句，特别适合已知循环次数的情况。

基本语法：

> for (表达式 1; 表达式 2; 表达式 3) {
>
> 　　　语句块 (循环体);
>
> }

语法说明：

关键字：for 关键字。

表达式 1：通常为赋值表达式，用于对循环控制变量初始化赋值，又叫初值表达式；

表达式 2：通常为关系表达式或逻辑关系表达式，作为循环进行的条件，满足条件时循环正常进行；

表达式 3：通常为 ++/-- 表达式，描述循环控制变量的变化，实现对循环控制变量的修改；语句块 (循环体)：可以是一条语句或多条语句。

for 语句的执行流程：首先，计算表达式 1 的值，作为循环控制变量初值。其次，判断表达式 2 的值，当表达式 2 的值为 true 时 (条件为真)，执行循环体语句，否则退出循环。每一次执行循环体结束时，都要重新计算表达式 3 的值，然后重新判断表达式 2 的值是否为 true，若值为 true，则重复执行循环体，重新计算表达式 3 的值，然后重新判断表达式 2 的值是否为 true，如此往复，直到表达式 2 的值为 false 时，结束整个

循环过程，接着往下执行 for 语句后面的程序语句。for
语句执行流程如图 2-7 所示。

for 语句很好地体现了正确表达循环结构的三个要
素：循环控制变量的初始化、循环控制的条件、循环控
制变量的更新。

示例 2-25   代码清单如下：

```
for (var count= 1; count<= 5 ; count++) {
        console.log(count);
}
```

程序运行后，在控制台中输出：

1

2

3

4

5

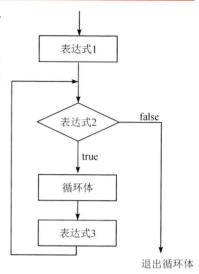

图 2-7   for 语句执行流程

程序执行过程如下：

第一步，声明变量 var count=1；

第二步，判断 count<=5；

第三步，alert(count)；

第四步，count++；

第五步，从第二步开始，直到判断表达式的值为 false。

使用 for 语句还需要注意以下几点：

① 一般情况下，循环控制变量仅用来控制循环过程，尽量不在循环体中做它用。

② 表达式 3 可以自增、自减，或是加、减一个整数等多种形式。

③ for 语句与 while 语句具有相似性，都是先判断条件后执行循环体语句。多数情况下，
while 循环可以用等价的 for 循环结构表示。下面将 for 语句转换为等价的 while 格式：

```
表达式 1；
while ( 表达式 2){
        语句序列；
        表达式 3；
}
```

4. 三种循环的区别

① while 循环是先判断条件，再决定是否执行循环体。

② do…while 是先执行循环，再判断条件，以确定是否再继续做循环体。

③ for 循环是先执行初始化循环控制变量，然后执行判断条件，确定是否执行循环体，
再执行修改循环控制变量的部分。for 语句也是先判断条件后执行循环体。

5. for…in 语句

该语句的功能是对某个对象的所有属性进行循环操作，它将一个对象的所有属性名

逐一赋值给一个变量，事先不需要知道对象属性的个数。

基本语法：

```
for( 变量 in 对象 ){
        语句块 ;
}
```

在循环体内部，对象的一个属性名会被作为字符串赋给变量，使用对象 [属性名字符串] 这种格式，就可以取出对象的每个属性的属性值。该语句用于对数组或者对象的属性进行循环操作。

示例 2-26　代码清单如下：

```
var student={
        "name": "tom",
        "age": 13,
        "tel": "13888888888"
        };                                  //创建一个对象
for (var s in student){
        console.log(s+": "+student[s]);     //列举出对象的所有属性名和属性值
}
```

在这段程序中，定义了一个 student 对象，在该对象中有 3 个属性，用 for...in 语句取出了这 3 个属性名和属性值，并将属性名和属性值连接成一个字符显示出来。在控制台显示的结果如下：

```
name: tom
age: 13
tel: 13888888888
```

6. break 和 continue 语句

break 和 continue 语句用于在循环中精确地控制代码的执行。其中，break 语句用于立即退出整个循环，强制继续执行循环体后面的语句。

基本语法：

```
break;
```

示例 2-27　代码清单如下：

```
for (var count= 1; count<= 5; count++) {
        if (count== 3) break;       //如果 count 是 3，就退出循环
        console.log (count);
}
```

程序运行后，在控制台中输出：

```
1
2
```

当 count 值为 3 时，执行 break 语句终止了循环。

continue 语句用于退出当前循环，继续后面的循环。

基本语法：

```
continue;
```

示例 2-28　代码清单如下：

```
for (var count=1; count<= 3; count++) {
        if (count==3) continue;     //如果 count 是 3, 就退出当前这一次的循环
          console.log (count);
        }
```

程序运行后，在控制台中输出：

```
1
2
4
5
```

当 count 值为 3 时，continue 语句结束本次循环，不再执行该语句后的语句，直接跳转至循环开始处。

break 语句作为中断处理语句，存在于 while、for、do…while 语句 (循环结构) 和 switch 语句 (多分支结构) 中，作用是中断语句的执行，使程序立即退出该语句结构转而执行该语句下面的语句。

continue 语句仅能作用于循环结构 (while、for、do…while 语句) 中，作用是终止循环体的本次执行，返回循环开始处。

在循环体的任何位置，当执行到 continue 语句时，程序直接返回循环开始处，重新进行循环条件的判断，根据判断的结果决定是否继续执行循环。continue 语句常与 if 条件语句一起使用，用来加速循环过程。

2.9　错误异常处理

错误和异常可能会在代码执行过程中发生，这些问题可能是由程序逻辑错误、外部因素、用户输入等引起的。错误和异常处理有助于提高程序的健壮性。即使在面临异常情况时，程序也能以一种可控的方式继续执行，而不是因为一个小错误导致整个程序崩溃。

1. 系统默认处理错误方式

当错误发生时，系统默认处理错误方式是返回错误信息，终止程序执行。这意味着程序不会继续执行后续代码，而是在出现错误的地方终止。错误信息通常会显示在浏览器的控制台中，这些信息通常包括错误的类型、发生错误的代码行以及其他有关错误的信息，这些信息可帮助开发人员和运维人员处理错误。

2. 常见的错误类型

常见的错误类型有以下几种：

(1) 语法错误 (Syntax Errors)：这种错误是由代码中的语法问题引起的，通常会在

代码解析之前触发。例如：

```
console.log("Hello, world";
```

该语句缺少一个 "）"，执行到该语句时，会在控制台输出错误信息 "Uncaught SyntaxError：missing) after argument list"。

(2) 引用错误 (Reference Errors)：这种错误发生在尝试访问未定义的变量或对象属性时。例如：

```
console.log(undefinedVariable) ;
```

该语句尝试访问未声明的变量，执行到该语句时，会在控制台输出错误信息："Uncaught ReferenceError：undefinedVariable is not defined"。

(3) 类型错误 (Type Errors)：这种错误通常发生在尝试对不支持的操作数执行操作时。

示例 2-29　代码清单如下：

```
const number = 42;
const result = number();  //尝试在非函数的值上调用函数
console.log(result);
```

程序运行后，在控制台中显示错误信息 "Uncaught TypeError：number is not a function"。

3. 异常处理

JavaScript 中的错误通常以异常的形式抛出。这意味着当错误发生时，异常会被抛出，如果有异常处理程序，程序不会终止，程序的执行流程将会跳转到异常处理程序。

使用 try…catch 语句来捕获和处理错误，以便更优雅地处理错误情况，并尽量避免程序崩溃。try…catch 语句的语法如下：

```
try {
        //可能会引发异常的代码块
} catch (error) {
        //异常处理代码块
}
```

其中：

try：后跟一个代码块，可能会引发异常的代码。如果在 try 代码块中发生异常，则控制流将跳转到 catch 块。

catch：后跟一个参数 (通常命名为 error，也可以使用其他合法标识符)，用于接收抛出的异常对象。catch 代码块用于处理捕获到的异常。

error(或其他参数名称)：这是一个变量，用于接收异常对象，可以在 catch 代码块中使用这个变量来访问异常的信息，如异常类型、消息等。

示例 2-30　代码清单如下：

```
console.log("aaa");
try {
    let x = y + 1; //y 未定义 , 会抛出 ReferenceError 错误
  } catch (error) {
```

```
        console.log(' 错误类型名称 : '+error.name);
        console.log(' 错误描述信息 : ' + error.message);
    }
    console.log("bbb");
```

程序运行后，在控制台中输出：

```
aaa
错误类型名称 : ReferenceError
错误描述信息 : y is not defined
bbb
```

2.10 基 础 练 习

填空并上机验证答案。

1. 程序代码如下：

```
console.log(NaN+1);                  //输出：① _____
console.log(NaN == NaN);             //输出：② _____
console.log(isNaN(NaN));             //输出：③ _____
console.log(isNaN(100));             //输出：④ _____
console.log(isNaN('100'));           //输出：⑤ _____
console.log(isNaN('hello'));         //输出：⑥ _____
console.log(isNaN(true));            //输出：⑦ _____
```

2. 程序代码如下：

```
var b = '200to300';
console.log(parseInt(b) );           //输出：① _____
console.log(parseInt('16.8'));       //输出：② _____
console.log(parseInt('tom'));        //输出：③ _____
console.log(Number(false));          //输出：④ _____
console.log(Number(null));           //输出：⑤ _____
console.log(Number(undefined));      //输出：⑥ _____
console.log(Number('090'));          //输出：⑦ _____
console.log(Number(''));             //输出：⑧ _____
console.log(Number('tom88'));        //输出：⑨ _____
```

3. 程序代码如下：

```
var p1={x: 1, y: 2};
console.log(Boolean(p1)) ;           //输出：① _____
console.log(Boolean(("hello"));      //输出：② _____
```

```
console.log(Boolean(0));          //输出：③_____
console.log(Boolean(NaN)) ;       //输出：④_____
console.log(Boolean( ""));        //输出：⑤_____
console.log(Boolean(undefined)) ; //输出：⑥_____
console.log(Boolean(null));       //输出：⑦_____
```

4. 程序代码如下：

```
var name="张三";
console.log(typeof (name));       //输出：①_____
console.log(typeof(100));         //输出：②_____
console.log(typeof(12.34));       //输出：③_____
var b = true;
console.log(typeof b);            //输出：④_____
var u;
console.log(typeof u);            //输出：⑤_____
var p1={x: 1, y: 2};
console.log(typeof p1);           //输出：⑥_____
var array = [ " football ", " volleyball ", " basketball " ];
console.log(typeof array);        //输出：⑦_____
function func() {
        console.log("I am a function"); }
console.log(typeof func);         //输出：⑧_____
var n = null;
console.log(typeof n);            //输出：⑨_____
```

5. 程序代码如下：

```
console.log(1 + NaN);             //输出：①_____
console.log(100 – true);          //输出：②_____
console.log(100 - ");             //输出：③_____
console.log(100 - '10');          //输出：④_____
console.log(100 / 30);            //输出：⑤_____
console.log(100 * null);          //输出：⑥_____
console.log(10 % 4);              //输出：⑦_____
console.log(100 / 0);             //输出：⑧_____
console.log( 100/ 0 * 0);         //输出：⑨_____
```

6. 程序代码如下：

```
var a1=14;
var a2=2;
console.log(a2+a1+"px");          //输出：①_____
console.log((a2+a1)+"px");        //输出：②_____
```

7. 程序代码如下：

```
console.log('4' >33);              //输出：①_____
console.log('4' > '33');           //输出：②_____
console.log('a' > 'b');            //输出：③_____
console.log('a' > 'B');            //输出：④_____
console.log('2' == 2);             //输出：⑤_____
console.log('2' === 2);            //输出：⑥_____
console.log(2 !== 2);              //输出：⑦_____
var bj;
console.log(bj);                   //输出：⑧_____
console.log(undefined == null);    //输出：⑨_____
```

8. 程序代码如下：

```
console.log(!0);                   //输出：①_____
console.log(!5);                   //输出：②_____
console.log(!undefined);           //输出：③_____
console.log(!NaN);                 //输出：④_____
console.log(!null);                //输出：⑤_____
```

9. 程序代码如下：

```
var hello = 'Hello World!';
console.log(Boolean(hello));       //输出：①_____
console.log(typeof Boolean(hello));//输出：②_____
if (hello) {
        console.log('条件为 true！');
} else {
        console.log('条件为 false！');
}                                  //输出：③_____
var obj = null;
if (obj != null) {
        console.log('obj 对象已存在！');
}                                  //输出：④_____
```

10. 程序代码如下：

```
str = null;
if (!str) {
        console.log("1");
}
str = "a";
if (!str) {
        console.log("2");
}
```

```
str = 0;
if (!str) {
        console.log("3");
}
var num = '200.45';
if( parseInt(num) == parseFloat(num) ){
        console.log( '是整数' );
}else{
        console.log( '是小数' );
}
```

运行程序，在控制台中输出：_____。

11. 判断变量 x 是不是英文字母，填写 if 语句的条件表达式，代码如下：

```
if(_____){
        console.log("是一个英文字母");
}
```

12. 判断变量 x 是不是一个数字字符，填写 if 语句的条件表达式，代码如下：

```
if(_____){
        console.log("是一个数字字符");
}
```

2.11　动 手 实 践

实验 3　体重指数计算器

1. 实验目的

通过实现一个简单的体重指数 (Body Mass Index，BMI) 计算器，深入理解 JavaScript 中分支语句的应用。该实验旨在加强对条件判断、逻辑控制和算术运算的理解。

2. 实验内容及要求

BMI 是一种衡量人体胖瘦程度的常用方法。计算公式为 BMI= 体重 (kg)/ 身高 (m)^2，即体重 (以 kg 为单位) 除以身高 (以 m 为单位) 的平方。

要求：

(1) 已知身高和体重，计算出 BMI 值。

(2) 根据 BMI 值，使用分支语句判断 BMI 所属的胖瘦程度分类范围。

以下是 BMI 的胖瘦程度分类范围：

BMI < 18.5：体重过轻；

18.5 ≤ BMI < 24.9：体重正常；

25.0 ≤ BMI < 29.9：超重；

BMI ≥ 30.0：肥胖。

需要注意的是，BMI 是一个简便的工具，没有考虑体脂肪和肌肉的比例，因此对于一些特殊体型的人可能不够准确。在做出任何饮食或锻炼计划之前，请咨询医生或专业的健康专家。

3. 实验分析

(1) 计算 BMI 值，涉及了基本的算术运算，包括除法和乘方。

(2) BMI 值的范围被划分为四个区间，每个区间有不同的输出。实验可以通过使用 if、else…if 和 else 等分支语句，根据不同条件执行不同的代码块。

4. 实验步骤

(1) 获取体重和身高。

```
let weight = 50.0;        //实验时可以多次修改此值
let height = 1.6;         //实验时可以多次修改此值
```

(2) 计算 BMI。

```
let bmi = weight / (height * height);
```

(3) 判断 BMI 范围并输出结果到控制台

```
console.log("你的 BMI 值是:" + bmi.toFixed(1));
if (bmi < 18.5) {
        console.log("体重过轻");
} else if (bmi >= 18.5 && bmi < 25) {
        console.log("体重正常");
} else if (bmi >= 25 && bmi < 30) {
        console.log("超重");
} else {
        console.log("肥胖");
}
```

5. 总结

通过本实验深入了解 JavaScript 中分支语句的使用，以及如何根据条件执行不同的代码块。同时，本实验实践了算术运算和控制台输出。

6. 拓展

(1) 添加体重建议：根据 BMI 结果，提供一些建议，如饮食、锻炼等方面。

(2) 添加错误处理：例如判断体重与身高是否为负数，或者是否为合法数字。数据错误时给出友好的提示。

实验 4   循环结构应用实验——滴水穿石模拟

1. 实验目的

以滴水穿石为例，探讨循环结构在问题解决中的应用，理解循环的基本概念和用法。

2. 实验内容及要求

滴水穿石的意思是水滴不停地滴，滴久了也能把石头滴穿，意指微小的持续行动可以产生巨大的影响。

(1) 阅读滴水穿石的故事，理解故事背后的精神内涵。

(2) 假设石块的厚度为 1 cm(10 000 μm)，每滴水能减少石块的厚度为 0.1 μm。将滴水穿石转化为计算机程序的形式，使用循环语句模拟滴水穿石的过程。

3. 实验分析

在计算机编程中，可以通过循环结构来模拟滴水穿石的过程，不断重复的操作最终会产生累积效应，实现期望的结果。

算法步骤分析如下：

(1) 初始化变量：设置石块的初始厚度和每滴水的减少厚度。

(2) 循环过程：使用循环语句，每次循环减少石块的厚度，直到石块的厚度小于等于零。

(3) 输出结果：在每次循环后输出当前的石块厚度和滴水的次数。

4. 实验步骤

(1) 初始化变量。

```
let stoneThickness = 10000;        //假设开始石块的厚度为 1 cm(10 000 μm)
let decreasePerDro = 0.1;          //假设每滴水能减少 0.1 μm 石块厚度
let drops = 0;                     //滴水计数器，初始值设为 0
```

(2) 循环过程。

```
while( stoneThickness > 0){        //当还有石头时才会滴水
    drops++;                       //每滴一次水计数器就加 1
    stoneThickness-= decreasePerDro;   //每滴一次水石头就会减少 0.1 μm
                                   //显示穿石的进度
console.log("已滴水" + drops + "滴，石块的厚度还有: " + stoneThickness.toFixed(1));
}
```

(3) 输出结果。

```
console.log("经过"+drops+"滴水，石块已被穿透");
```

5. 总结

在模拟滴水穿石的过程中使用了循环结构，不断减少石块的厚度，直到穿透石块。这个简单的例子展示了循环结构在解决问题中的应用，强调了持续努力的力量。

6. 拓展

(1) 尝试改变初始石块厚度、每滴水减少厚度等参数，观察其对结果的影响。

(2) 尝试使用 for 循环替代 while 循环，比较它们的差异。

第3章 函 数

在进行复杂的程序设计时，需要根据所完成的功能，将程序划分为一些功能相对独立的部分，每部分用一个函数来完成，从而使各部分充分独立，任务单一，程序清晰易懂，易读易维护。函数就是一段代码，将其命名为函数名称，在程序中使用到函数功能的每个地方，只要写上函数名称就可以调用函数。

3.1 自定义函数

 ### 3.1.1 自定义函数的声明与调用

函数声明的语法：

```
function 函数名 ( 参数 1, 参数 2, …){
    程序语句
    …
    [return 表达式; ]
}
```

函数由关键字"function"、函数名、参数列表、函数体和 return 语句定义，对它们的解释如下：

(1) function：在声明函数时必须使用的关键字。

(2) 函数名：代表整个函数，函数的命名规则要符合标识符的命名规则。

(3) 参数列表：参数就是变量，用来接收外界传递给函数的值，参数不用声明，直接写参数名即可。参数可以没有，也可以是一个或多个，当有多个参数时，各参数之间用","分隔。

(4) 函数体：函数定义的主体，专门用于实现特定的功能。

(5) [return 表达式;] 语句：是可选项，如果函数需要返回值,则通过 return 语句返回。返回值是表达式的运算结果，结果可以是任意类型的数据。如果在函数程序代码中省略了 return 语句后面的表达式，或者函数结束时根本没有 return 语句，则这个函数就会返回一个为 undefined 的值。return 语句有返回函数的返回值及结束函数运行的功能。

定义函数后并不会自动执行，在需要的位置调用函数后才能执行，可以根据需要任意调用函数进行执行。调用函数直接使用函数名，同时使用具体的参数 (实参) 替换形式参数。

　　函数调用的语法格式为：

　　　　函数名 (传递给函数的实参 1, 传递给函数的实参 2,⋯)

　　示例 3-1　代码清单如下：

```
function sum1(){
        var a=3;
        var b=4;
        console.log(a+b); }
console.log("调用 sum1 函数:");
var result=sum1();   //调用 sum1 函数
console.log(result);
```

　　该 sum1 函数无参数，没有 return 语句，程序运行后，在控制台中输出以下 3 行信息：

```
调用 sum1 函数：
7
undefined
```

　　在示例 3-1 中，sum1 函数执行到 console.log(a+b) 语句时，在控制台中输出"7"。因 sum1 函数体没有 return 语句，所以函数的返回值为 undefined。

　　示例 3-2　代码清单如下：

```
function sum2(n, m) {
        return n + m;
}
var result=sum2(5, 6);   //调用 sum2 函数 , 实参 5 赋值给形参 n, 实参 6 赋值给形参 m
console.log(result);       //输出：11
```

　　在示例 3-2 中，sum2 函数有两个参数，有 return 语句，返回值为数值型，程序运行后，在控制台中输出函数返回值 11。

 ## 3.1.2　自定义函数的参数

　　自定义函数的参数包括默认参数和不定参数。

　　(1) 默认参数。默认参数是指在定义函数时，为参数设置一个默认值。当调用函数时，如果没有提供相应的参数值，就会使用默认值。

　　示例 3-3　代码清单如下：

```
function greet(name = " 张三 ", message = "你好") {
    console.log(` ${name}, ${message}!`);
}
greet();                              //调用函数没有传入实参 , 输出：张三 , 你好！
greet("李四");                         //输出：李四 , 你好！
greet("王五", "欢迎你");                //输出：王五 , 欢迎你！
```

在示例 3-3 中，声明 greet 函数有两个形参 name 和 message，它们都有默认值。如果调用函数时没有传递实参，就会使用默认值。如果传递了实参，传递的值会覆盖默认值。

(2) 不定参数 (Rest 参数)。不定参数在函数参数列表中使用三个点 (…) 作为前缀，后面跟着一个标识符，用于接收传递的任意数量的实参，这些实参将作为数组来处理。

示例 3-4　代码清单如下：

```javascript
function rest(a, …numbers) {
    console.log(numbers);
}
console.log(rest(1, 2, 3));              //输出：[ 2, 3 ]
console.log(rest(10, 20, 30, 40, 50));   //输出：[ 20, 30, 40, 50 ]
```

在示例 3-4 中，rest 函数使用不定参数来接收传递的剩余实参，形参 a 接收第一实参，剩余实参都存放在 numbers 数组中。

3.1.3　return 语句的作用

函数的参数列表相当于函数的入口，return 语句相当于函数的出口，return 语句返回函数的返回值并结束函数的运行。在函数体中，return 语句后面的任何代码都不执行。

示例 3-5　代码清单如下：

```javascript
function age(result) {
    if (result < 60) return "不合格";  //当遇到 return 语句时，就会终止执行
    return  "合格";
}
console.log("实参值小于 60:"+age(52));
console.log("实参值大于 60:"+age(78));
```

程序运行后，在控制台中输出以下 2 行信息：

```
实参值小于 60：不合格
实参值大于 60：合格
```

3.2　函数定义（声明）的其他常用形式

除上述 function 语句定义函数外，还有以下方式。

3.2.1　函数表达式

函数也可以声明为变量，用一个变量接收一个函数，function 后是没有函数名的函数，此时变量代表函数，调用函数用变量名，如例 3-6 所示。

示例 3-6　代码清单如下：
```
let sum2 = function(n, m) {
        return n + m;
};
sum2(5, 6);   //调用函数
```

 3.2.2　匿名函数形式

匿名函数是一种在使用时即刻声明的函数，它没有函数名。这种函数只能使用一次，不能反复调用。将某段代码做成匿名函数，可以防止其中的变量混入全局作用域之中，在该函数中定义的变量只局限于在此函数内部使用。

匿名函数声明即调用语法：
```
(function(){ 函数体 })()
```

示例 3-7　代码清单如下：
```
(function ()
    {
        var a=3;
        var b=4;
        console.log(a+b);   //输出：7
    })();
```

程序运行后，在控制台中输出 7。

 3.2.3　箭头函数

ES6 允许使用箭头 "=>" 来定义函数，箭头函数省略了 function。这种写法更简洁。语法：
```
( 参数 1, 参数 2,…, 参数 n) =>{ 函数体 }
```

语法说明：

(1) 箭头函数定义中没有名称，在实际开发中，通常的做法是把箭头函数赋值给一个变量，变量名字就是函数名字，然后通过变量名字去调用函数。

例如：
```
const sum = (num1，num2) =>{return num1 + num2；}；   //定义函数
sum(10, 20);                                         //调用函数
```

(2) 当参数列表只有一个参数时，参数列表的圆括号可以省略，但其他情况必须使用圆括号。

例如：
```
const sum = (num1) =>{console.log(num1)};
```

可以简写成：
```
const sum = num =>{console.log(num1)};
```

(3) 当函数体只有一条 return 语句时，可省略花括号和 return 关键字。

例如：

```
const sum = (num1，num2) =>{return num1 + num2；}；
```

可以简写成：

```
const sum = (num1，num2) => num1 + num2；
```

(4) 如果箭头函数直接返回一个对象，就必须在对象外面加上圆括号，否则会报错。

例如：

```
const getobj = () => { return {id：001，name：'tom'}；}；
```

可以简写成：

```
const getobj = () =>({id：001，name：'tom'})；
```

3.3 作　用　域

作用域是变量和函数的可访问范围。根据访问范围的不同，作用域分为全局作用域和局部作用域。

(1) 全局作用域：代码中所有其他作用域的最外层作用域。在浏览器环境中，全局作用域通常是指整个页面的 JavaScript 环境。全局作用域中定义的变量或函数对整个代码都是可见的，称之为全局变量或全局函数。

(2) 局部作用域：包括函数级作用域和块级作用域。

在 JavaScript 中，每个函数都创建了一个新的函数级作用域，在函数内部定义的变量，只在函数内部有效，称之为局部变量。局部变量对其他函数和代码来说，都是不可见的，如果要在函数外使用某变量，必须让函数将此变量返回。

块级作用域是在代码中由一对花括号 {} 包围的区域。块级作用域中使用 let 或 const 声明的变量在块级作用域内有效。

函数级作用域使得变量在不同的函数中可以拥有相同的名称而不会发生冲突。如果函数中定义了与全局变量同名的局部变量，则在该函数中使用的是局部变量。

示例 3-8　代码清单如下：

```
{
    let x=100;                //定义块级作用域变量 x
    let y=100;                //定义块级作用域变量 y
}
let x = 1;                    //定义全局变量 x
function fn1(){
    console.log("在函数内输出全局变量 x 的值:"+x);    //x 的值为 1
    x = 2;          //重新赋值给 x
}
fn1();
console.log("输出全局变量 x 的值:"+x);                //x 的值为 2
```

程序运行后，在控制台中输出：

在函数内输出全局变量 x 的值：1

输出全局变量 x 的值：2

示例 3-9　代码清单如下：

```javascript
var y = 1;                    //定义全局变量 y
function fn2(){
        let y = 2;            //定义局部变量 y
        console.log("在函数内输出局部变量 y 的值:"+y);   //y 的值为 2
}
fn2();
console.log(" 在函数外输出全局变量 y 的值 : "+y);        //y 的值为 1
```

程序运行后，在控制台中输出：

在函数内输出局部变量 y 的值：2

在函数外输出全局变量 y 的值：1

示例 3-10　代码清单如下：

```javascript
function fn3(){
        var n=3;                                    //n 为局部变量
        console.log("在函数内输出局部变量 n 的值"+n);     //n 的值为 3
}
fn3();
console.log(n);         //n 在 fn3 函数中定义 , 在函数外不能使用 , 程序会报错
```

程序运行后，在控制台中输出：

在函数内输出局部变量 n 的值 3

Uncaught ReferenceError: n is not defined

(3) 作用域链。每当创建一个新的函数级作用域或块级作用域时，都会形成一个新的局部作用域。局部作用域可以嵌套在其他局部作用域中。作用域链是由多个嵌套的作用域组成的链条，它用于查找标识符 (变量或函数)。当在某个作用域内引用一个标识符时，JavaScript 引擎首先在当前作用域中查找，如果找不到，就会沿着作用域链向外层作用域逐级查找，直到找到匹配的标识符或达到全局作用域。

示例 3-11　代码清单如下：

```javascript
var globalVar = "全局变量";
function outerFunction() {
  var outerVar = "外层变量";
    function innerFunction() {
    var innerVar = "内部变量";
    console.log(innerVar);          //在内部函数中 , 直接访问内部变量
    console.log(outerVar);          //在内部函数中 , 访问外层函数的变量
    console.log(globalVar);         //在内部函数中 , 访问全局变量
  }
```

```
        return innerFunction;
    }
    var innerFunc = outerFunction();
    innerFunc(); //调用内部函数，它仍然可以访问外部函数和全局作用域中的变量
```

在示例 3-11 中，innerFunction 内部可以访问它自身的局部变量、外部函数 outerFunction 中的变量 (因为它在 outerFunction 内定义)，以及全局作用域中的变量。这种访问变量的方式是通过作用域链实现的，它会逐级向上查找标识符，直到找到为止。

3.4　闭包 (Closure)

当一个函数内部定义的函数可以访问外部函数的变量时，就形成了闭包。闭包中函数能够访问其外部作用域中的变量，即使外部函数已经执行完毕。这是因为内部函数会维持对外部函数作用域的引用，使得外部函数的变量仍然可以被内部函数访问。闭包可以用于创建私有变量，实现数据封装和模块化等。

示例 3-12　代码清单如下：

```
function counter() {
    let count = 0;
    function increase() {
      count++;
      console.log(count);
    };
    return increase
}
const increment = counter();    //执行 counter 函数，返回 increase 函数给 increment
increment();                    //输出：1
increment();                    //输出：2
increment();                    //输出：3
```

在示例 3-12 中，首先执行 counter 函数，在 counter 函数中定义了 increase 函数，然后通过返回 increase 方式让 increase 得以执行。当 increase 执行时，访问了 counter 内部的变量 count，因此这个时候闭包产生。

3.5　this 关键字

在 JavaScript 中，this 在不同的上下文中指向不同的值。如果要理解函数中的

this，那么需要考虑函数的调用方式以及当前执行的上下文。在不同的情况下，this 的指向也会有所不同。函数在不同情况下调用时 this 的指向如下：

(1) 在全局上下文中 this 的指向。在全局作用域中，函数没有明确的调用者，所以在全局代码中使用的 this 指向全局对象 (在浏览器环境中是 window 对象)。

(2) 普通函数中 this 的指向。

① 当一个函数作为独立函数调用时，this 指向全局对象 (在浏览器环境中是 window 对象)，但在严格模式下，this 指向 undefined。

示例 3-13　代码清单如下：

```
<html>
<head>
        <title>this</title>
</head>
<body>
</body>
<script>
        console.log(this);                  //全局上下文中 , 输出：window
        console.log(this === window);       //全局上下文中 , 在浏览器环境下输出：true
        function fn1(){
                console.log(this);
        }
        fn1();                              //输出：window
        function fn2(){
                'use strict'                //严格模式
                console.log(this);
        }
        fn2();                              //输出：undefined
</script>
</html>
```

② 如果函数关联在一个对象上，作为一个方法调用，此时函数内部的 this 指向该对象。

示例 3-14　代码清单如下：

```
var name='Lisa'
let getName=function(){
        console.log(this.name);
}
let stu1={
        name: 'Tom',
        getName: getName //getName 函数关联到 stu1 对象
}
let stu2={
```

```
        name: 'Mary'
    }
    getName();  //独立调用 getName 函数,在非严格模式中 this 指向全局对象 window,输出：Lisa
    stu1.getName();  //getName 函数作为 stu1 对象的方法调用 , this 指向 stu1, 输出：Tom
    getName.call(stu2);  //通过 call 方法调用 getName 函数 , this 指向传入的 stu2, 输出：Mary
```

③ 通过函数的 bind、apply、call 方法调用函数，this 指向函数方法传入的对象，函数方法详见"3.6 函数的方法"节。

(3) 箭头函数中 this 的指向。箭头函数没有自己的 this，它会捕获外层作用域的 this 值。箭头函数定义时所处的普通函数，该普通函数的上下文就是箭头函数的上下文。如果所处环境没有普通函数，那么上下文就是 window。

示例 3-15   代码清单如下：

```
    let name='Lisa'
    let getName=()=>{          //定义箭头函数
        console.log(this.name);
    }
    let stu1={
        name: 'Tom',
        getName: getName
    }
    let stu2={
        name: 'Mary'
    }
    getName();                  //输出：Lisa
    stu1.getName();             //输出：Lisa
    getName.call(stu2)          //输出：Lisa
```

在示例 3-15 中，在全局环境中定义箭头函数 getName，因此该函数内的 this 指向 window。

(4) 构造函数中 this 的指向。通过 new 调用构造函数，实例化一个新的对象，this 指向实例，见第 4 章的示例 4-1。

3.6   修改函数内部 this 指向的方法

JavaScript 内部提供一种可以修改函数内部的 this 指向，使用 bind()、apply() 和 call() 方法都可以实现函数内部的 this 指向，这三种方法所有的函数都能调用。

(1) bind() 方法。

语法：

```
函数 .bind(thisArg, arg1, arg2, …);
```

功能：该方法返回一个函数，将指定的对象绑定为函数内部的 this 值，并可以预设部分参数。

参数：第一个参数是要绑定的 this 值，后续的参数是预设给新函数的参数，这些参数将会放在新函数的参数列表之前。

示例 3-16　代码清单如下：

```
function greet(name) {
        console.log(`${name} 你好！我是 ${this.name}。`);
}
const person = {
        name: "张三"
};
//greet 函数调用 bind() 方法创建一个新函数，并绑定 person 作为 this 的值
const boundGreet = greet.bind(person, "李四");
boundGreet();        //调用新函数，输出：李四你好！我是张三
```

(2) apply() 方法。

语法：

```
函数 .apply(thisArg，[argsArray]);
```

功能：调用函数，并将指定的 this 值和参数数组传递给该函数。

参数：第一个参数是要绑定的 this 值，即函数执行时的上下文。第二个参数是一个类数组对象或可迭代对象，包含要传递给函数的参数列表。

示例 3-17　代码清单如下：

```
function introduce(country, city) {
        console.log(`${this.name} 来自 ${country} 的 ${city}。`);
}
const person = {
        name: "张三"
};
introduce.apply(person, ["中国", "北京"]);        //输出：张三来自中国的北京
introduce.call(person, "中国", "北京");        //输出：张三来自中国的北京
```

(3) call() 方法。

语法：函数 .call(thisArg, arg1, arg2, …);

功能：调用函数，并将指定的 this 值和一系列参数列表传递给该函数。

参数：第一个参数是要绑定的 this 值，即函数执行时的上下文。后续的参数是按照逗号分隔的参数列表。

函数调用 apply/call 时，会执行函数，函数内部的 this 指向 apply/call 的第一个参数，apply/call 不同之处在于参数的传递形式。函数调用 bind 方法时，函数不会立即执行，而是返回一个新的函数，这个函数与原函数有共同的函数体，函数内部的 this 指向 bind 的第一个参数，参数为 bind 的第一个参数后的后续参数。

3.7　递归函数

递归函数是一种函数调用自身的方法。它在解决需要重复执行相似任务的问题时非常有用。递归函数可以分为两部分：基本情况和递归情况。基本情况是函数不再需要递归调用的情况，而递归情况则是函数调用自身以解决更小或更简单的问题。

示例 3-18　用递归函数计算 n 阶乘，代码清单如下：

```javascript
function factorial(n) {
  if (n === 0) {
    return 1;                    //基本情况：0 的阶乘等于 1
  } else {
    return n * factorial(n - 1); //递归情况：n 的阶乘等于 n 乘以 (n-1) 的阶乘
  }
}
console.log(factorial(5));       //输出：120
```

在示例 3-18 中，factorial() 函数计算给定数字 n 的阶乘。当 n 等于 0 时，返回 1 作为基本情况，否则它会调用自身来计算 n 乘以 (n-1) 的阶乘。

3.8　系统函数

除了可以自己定义函数外，JavaScript 还提供了一些内部函数，也称为内部方法，程序可以直接调用这些内部函数来完成某些功能。在第 2 章中介绍过的 isNaN、isFinite、parseInt、parseFloat、Boolean、Number、String 等都是内部函数，在后续章节还会介绍一些常用的内部函数。

3.9　基础练习

填空并上机验证答案。

1. 程序代码如下：

```javascript
function fn1(x){
```

```
        console.log(x);
    }
    fn1(18);                    //输出：①_____
    fn1("广西北海");             //输出：②_____
    fn1(null);                  //输出：③_____
    fn1(undefined);             //输出：④_____
    fn1(true);                  //输出：⑤_____
    function fn2(fn){
            fn();
    }
    var y=function(){console.log("hello"); };
    fn2(y);                     //输出：⑥_____
    function fn3(w){
            w.alert("我是 fn3");
    }
    fn3(window);                //弹出窗口的内容：⑦_____
```

2. 程序代码如下：

```
    function countdown(n) {
        //基本情况：倒数到 0 时停止
        if (n <= 0) {
            console.log("Done!");
        } else {
            console.log(n);
            //递归调用：处理更小的子问题
            countdown(n-1);
        }
    }
    countdown(5);
```

程序运行后，在控制台中输出：_____

3. 程序代码如下：

```
    function fn() {
        console.log(this);
        return () => {
            console.log(this);
        }
    }
    const obj={
        v1: 100,
    }
```

```
let rfn=fn();
rfn();
let rfn2=fn.call(obj);
rfn2()
```

程序运行后，在控制台中输出：_____

3.10　动 手 实 践

实验 5　简单的计算器函数的声明与调用

1. 实验目的

理解 JavaScript 函数的基本结构和语法。学会定义函数、传递参数以及使用返回值。了解函数内的作用域和变量声明。

2. 实验内容及要求

任务 1：创建一个简单的计算器函数。

(1) 创建一个名为 calculato 的函数，接收两个参数 num1、num2 以及一个操作符 operator。

(2) 在函数内部，根据操作符的不同，进行相应的计算 (包括加法、减法、乘法、除法等基本运算)。

(3) 返回计算结果。

任务 2：调用 calculator 函数多次，测试不同的输入参数和操作符。

任务 3：5 位朋友一起吃素食自助餐，餐费每位 25 元，他们自己收餐具每位可优惠 2 元，以此奖励他们的劳动，调用该计算器函数，计算他们总共花费多少，并输出结果。

3. 实验分析

简单计算器函数的算法分析如下：

(1) 参数接收与验证。在函数开始时，首先接收三个参数 num1、num2 和 operator，需要验证参数的合法性，确保 num1 和 num2 是数字，operator 是支持的操作符。

(2) 运算处理。使用 switch 语句根据传入的 operator 进行相应的运算。不同的操作符触发不同的分支，执行对应的计算。

(3) 错误处理。在默认的 switch 分支中，如果 operator 不是预期的值，则函数返回一个字符串 "无效运算符"。这是一种简单的错误处理机制，通知调用者输入的操作符无效。

(4) 函数调用与测试。要测试不同的输入参数和操作符，这些测试用例覆盖了正常情况和异常情况。

4. 实验步骤

(1) 创建计算器函数。

```javascript
function calculator(num1, num2, operator) {
    if (typeof num1 !== 'number' || typeof num2 !== 'number') {
        return ' 无效参数 , 前两个参数请输入数字类型的数据';
    }
    switch (operator) {
      case '+':
        return num1 + num2;
      case '-':
        return num1 - num2;
      case '*':
        return num1 * num2;
      case '/':
        return num1 / num2;
      default:
        return '无效运算符 , 该计算函数只支持 +, -, *, /';
    }
}
```

(2) 调用计算器函数。

```javascript
console.log(calculator(15, 3, '+'));        //输出：18
console.log(calculator(5, 2, '*'));         //输出：10
console.log(calculator(8, 4, '/'));         //输出：2
console.log(calculator(10, 2, '-'));        //输出：8
console.log(calculator(15, 10, '#'));       //输出：无效运算符 , 该计算函数只支持 +, -, *, /
```

(3) 调用计算器函数，计算总花费。

```javascript
let sum=calculator(5, 25, '*');             //计算出总餐费
let feedback=calculator(5, 2, '*');         //收餐具优惠总额
let total=calculator(sum, feedback, "-");   //总共花费金额
console.log('总共花费:'+total+'元')
```

5. 总结

这个简单计算器函数实践了如何通过函数来封装特定的计算逻辑。在设计上，通过一些提示信息或者结果的呈现方式，强调用户在使用计算器时应该注重精确细节，避免错误操作。

6. 拓展

(1) 支持更复杂的运算：可以增加更多的运算类型，例如取模、幂运算等。

(2) 错误处理细化：根据实际需求细化错误处理，提供更具体的错误信息，例如除数不能为 0 等。

第 4 章 对 象

JavaScript 对象 (Object) 是一种数据类型，用于将数据和功能组织在一起，它不仅可以保存一组不同类型的数据 (称之为对象的属性)，还可以包含有关处理这些数据的函数 (称之为对象的方法)，属性和方法称为对象的成员。

4.1 对象的创建

 ### 4.1.1 使用构造函数创建对象

构造函数是一种用于创建对象的特殊函数，定义构造函数的语法如下：

```
function ConstructorName(parameter1, parameter2, …) {
    //构造函数体
    this.property1 = parameter1;
    this.property2 = parameter2;
    //…
    this.method = function() {
        //方法体
    };
}
```

其中：

ConstructorName 是构造函数的名称，通常使用首字母大写的驼峰命名法命名 (例如 Person、Student)。

parameter1，parameter2，… 是构造函数的参数列表，用于接收传递给构造函数的值，初始化对象的属性。

构造函数体中的 this.property 表示将属性赋值给新创建的对象。这里的 property1，property2，… 是实例对象的属性。

构造函数体中的 this.method 表示将方法赋值给新创建的对象。这里的 method 是实例对象的方法。

1. 实例化对象

构造函数需要通过使用 new 关键字来实例化新对象，并初始化这些对象的属性和方法。构造函数实例化对象的语法如下：

```
const instance = new ConstructorName(argument1,argument2,…);
```

其中：

ConstructorName 是构造函数的名称。

argument1,argument2,… 是传递给构造函数的实参，用于初始化实例对象的属性。

下面的示例演示定义一个 Student 构造函数，并创建实例对象。

示例 4-1 代码清单如下：

```
function Student(name, age){
        //定义属性
        this.name=name;
        this.age=age;
        //定义方法
        this.say=function(){
                console.log(this.name+": "+this.age+"岁");
        }
}
let student1=new Student("张三", 18); //创建 Student 对象的实例对象 student1
let student2=new Student("李四", 19); //创建 Student 对象的实例对象 student2
```

代码解释如下：

(1) 定义构造函数 Student：在这段代码中，首先定义了一个构造函数 Student，该函数接收两个参数 name 和 age，用于初始化对象的属性。构造函数内部使用 this 关键字来引用新创建的对象，从而给对象赋值属性和方法。

(2) 属性的定义：在构造函数内部，通过 this.name = name 和 this.age = age 语句将传入的 name 和 age 参数赋值给新创建的对象的属性。这样，每个实例对象都会有自己独立的 name 和 age 属性。

(3) 方法的定义：在构造函数内部，定义了一个名为 say 的方法，该方法通过 this.name 和 this.age 访问对象的属性，并将其输出为字符串。

(4) 创建实例对象：通过 new Student("张三", 18) 创建了一个 Student 构造函数的实例对象 student1，构造函数被调用，并将 "张三" 和 18 作为参数传递给构造函数，从而初始化 student1 实例的属性。类似地，new Student("李四", 19) 这行代码创建了另一个 Student 构造函数的实例对象 student2，传入姓名为 "李四"，年龄为 19。

使用 new 关键字创建一个对象，JavaScript 会自动调用构造函数，执行构造函数中的程序代码。一个构造函数可以创建多个对象实例。

2. 访问对象的属性

使用点操作符 (.) 或方括号操作符 ([]) 来访问对象的属性。语法如下：

点操作符：objectName.propertyName

方括号操作符：objectName['propertyName']

其中，objectName 是对象的名称，propertyName 是属性的名称。

点操作符 (.) 和方括号操作符 ([]) 之间的区别如下：

点操作符 (.)：适用于访问对象的属性名是有效的标识符 (由字母、数字和下划线组成，并且不能以数字开头)。点操作符简洁，易读性较高。

方括号操作符 ([])：可以访问对象的属性名，无论属性名是否是有效的标识符，属性名需要使用引号 (单引号或双引号) 括起来，还可以使用变量或表达式作为属性名。方括号操作符灵活，适用于动态属性访问。

示例 4-2　在示例 4-1 的代码后增加以下语句：

```
let _name='name';                    //声明一个变量
console.log(student1.name);          //点操作符，访问 student1 的 name 属性的值
console.log(student1['name']);       //方括号操作符，访问 student1 的 name 属性的值
console.log(student1[_name]);        //方括号操作符，属性名使用变量
console.log(student2.name);          //点操作符，访问 student2 的 name 属性的值
```

程序运行后，在控制台中输出：

```
张三
张三
张三
李四
```

使用 console.log(student1.name) 访问实例对象 student1 的 name 属性，并将其输出。因为每个实例都有自己独立的属性，所以这里输出的是 student1 的 name 属性值，即 "张三"。console.log(student2.name) 输出的是 student2 的 name 属性值 "李四"。

3. 调用对象的方法

使用点操作符来调用对象的方法，语法如下：

```
objectName.methodName(arguments)
```

其中，objectName 是对象的名称，methodName 是方法的名称，arguments 是传递给方法的参数 (可选)。

示例 4-3　在示例 4-1 的代码后增加以下语句：

```
student1.say();        //调用实例对象 student1 的 say 方法
student2.say();        //调用实例对象 student2 的 say 方法
```

程序运行后，在控制台中输出：

```
张三 : 18 岁
李四 : 19 岁
```

使用 student1.say() 调用实例对象 student1 的 say 方法，输出该实例对象 name 和 age 属性的值，即 "张三 :18 岁"。student2.say() 调用实例对象 student2 的 say 方法，输出该实例对象 name 和 age 属性的值，即 "李四 :19 岁"。

this 关键字代表某个成员方法执行时，引用该方法的当前实例对象。当执行 student1.say() 语句时，调用 say() 中的 this 代表 student1 这个对象实例；当执行 student2.say() 语句时，调用 say() 中的 this 代表 student2 这个对象实例。同理，在创建 student1 这个对象实例时，构造函数中的 this 代表 student1 这个对象实例，在创建

student2 这个对象实例时，构造函数中的 this 代表 student2 这个对象实例。

4. 对象的操作

(1) 添加属性：使用点操作符或方括号操作符来添加新的属性到对象中。在实例对象后面加圆点"."运算符和一个成员名，JavaScript 会自动认为这是该实例对象的一个成员。在 JavaScript 对象中，成员名是不会重复的。如果一个成员名是第一次出现，那么等于为这个对象实例新增一个成员；如果将一个数据赋值给这个成员，那么这个成员就成了实例对象的属性；如果将一个函数赋值给这个成员，那么这个成员就成了实例对象的方法。由此可见，为实例对象增加属性和方法是非常简单的。

(2) 删除属性：使用 delete 关键字来删除对象的属性。

(3) 修改属性：通过重新赋值一个已存在的属性来修改它的值。

示例 4-4　在示例 4-1 的代码后增加以下语句：

```
student2.tel="13888888888";      //给实例对象 student2 添加属性 tel
student2.saytel=function(){      //给实例对象 student2 添加方法 saytel
        console.log(this.name+" 的电话 "+this.tel);
        };
student2.saytel();               //调用实例对象 student2 的 saytel 方法
student2.name="王五"             //修改实例对象 student2 的 name 属性值
delete student2.age;             //删除 age 属性
student2.say(); //输出为王五：undefined 岁 ( 前面删了 age 属性 , 所以值为 undefined)
```

程序运行后，在控制台中输出：

```
李四的电话 13888888888
王五 : undefined 岁
```

由一个构造函数创建的多个实例对象，各个实例对象之间在使用上没有任何关系，为一个实例对象新增加的属性和方法，不会增加到同一个构造函数创建的其他实例对象上；修改一个实例对象的属性值，不会影响其他对象的同样名称的属性。

由于所有的实例对象在创建时都会自动调用构造函数，因此在构造函数中增加的属性和方法会被增加到每个实例对象上。

 4.1.2　使用 Object 对象创建对象

Object 对象提供 JavaScript 对象的最基本的功能，这些功能构成了其他所有 JavaScript 对象的基础。Object 对象提供一种创建自定义对象的简单方式，不需要程序员定义构造函数。可以在程序运行时为 JavaScript 对象随意添加属性。

示例 4-5　代码清单如下：

```
let obj=new Object();   //创建实例对象 obj
obj.name="tom"          //添加 name 属性
obj.age=20;             //添加 age 属性
obj.say=function(){     //添加 say 方法
        alert("hello world!")
```

```
};
```

4.1.3　使用对象字面量创建对象

在实际开发过程中，一般用字面量的声明方式创建对象，因为它清晰，语法代码少。它有以下简写的语法：

(1) 允许在对象字面量中使用表达式来作为属性名 (计算属性名)。

(2) 如果属性名和属性值同名 (属性值来自作用域的同名变量)，可以只写属性名。

(3) 允许在对象字面量中省略 function 关键字来定义方法。

示例 4-6　使用对象字面量方式创建对象，代码清单如下：

```
const name = 'tom';
const propName = "age";
let  student= {
        name,                   //name: name 属性名和属性值同名，简写为 name
        [propName]: 30,     //使用表达式来作为属性名
        say: function(){      //定义方法
                console.log("hello world!")
        },
        getName(){           //省略 function 关键字来定义方法
                return this.name;
        },
        parent: {pname: '张三', tel: "455554454"}  //值为对象
};
console.log(student.age);              //输出：30
console.log(student.getName());   //输出：tom
```

示例 4-7　使用字面量空对象创建对象，代码清单如下：

```
let student = {};                       //字面量方式声明空的对象实例
student.name = 'tom';             //添加属性
student.age = 20;                     //添加属性
student.say=function(){            //添加方法
        console.log("hello world!")
};
```

4.2　对象的属性名

在 JavaScript 中，对象的属性名是用来标识对象中存储的值的标识符。属性名可以

是字符串或符号 (Symbol)，用来访问和操作对象的属性值。

(1) 字符串属性名：通常以字符串形式表示，可以包含字母、数字、下画线等字符。属性名可以使用点操作符 (.) 或方括号操作符 ([]) 来访问。

(2) 符号属性名：Symbol 可以用作对象属性名，确保属性名的唯一性，避免命名冲突。

示例 4-8　代码清单如下：

```
const mySymbol = Symbol();
const obj = {
        [mySymbol]: 'Hello'
};
 console.log(obj[mySymbol]);      //输出：Hello
```

(3) 计算属性名：允许在对象字面量中使用表达式来作为属性名，见示例 4-6。

4.3　属性扩展语法

创建一个对象时，希望它能够具有另一个对象的全部属性。

(1) 使用 Object.assign() 方法将一个或多个源对象的属性合并到一个目标对象中，它的语法如下：

```
Object.assign(target, …sources);
```

其中：

target：目标对象，即属性要合并到的对象。

sources：一个或多个源对象，即要从中复制属性的对象。

这个方法会将每个源对象中的可枚举属性复制到目标对象中，并返回修改后的目标对象。

示例 4-9　代码清单如下：

```
const obj1 = { a: 1, b: 2 };
const obj2 = { b: 3, c: 4 };
const mergedObj = Object.assign({}, obj1, obj2);   //合并 obj1 和 obj2 的属性
console.log(mergedObj);                            //输出：{ a: 1, b: 3, c: 4 }
```

需要注意的是，Object.assign() 方法将源对象的属性合并到目标对象中，如果属性名冲突，后面的对象的属性值会覆盖前面的对象的属性值。

(2) 对象扩展运算符：ES6 引入了对象扩展运算符 (…) 用于将一个对象的属性扩展到另一个对象。

示例 4-10　代码清单如下：

```
const obj1 = { a: 1, b: 2 };
const obj2 = { b: 3, c: 4 };
const mergedObj = {...obj1, ...obj2};      //合并 obj1 和 obj2 的属性
console.log(mergedObj);                    //输出：{ a: 1, b: 3, c: 4 }
```

4.4   对 象 解 构

对象解构是指从对象中提取属性值并将它们赋值给变量，其语法如下：

> let { 变量名 1, 变量名 2, …}= 对象

等号左边的大括号中写的是变量名列表，等号右边写的是具体被解构的对象，变量的名称匹配对象的属性名，如果匹配成功，则将对象中属性的值赋值给变量，否则变量的值为 undefined。

示例 4-11   代码清单如下：

```
let { id, name, tel } = { id: '001', name: 'tom' };
console.log(id);
console.log(name);
console.log(tel);
```

程序运行后，在控制台中输出：

```
001
tom
undefined
```

因为变量 tel 在右边的对象中没有对应的属性名，所以值为 undefined。

4.5   遍 历 对 象

在操作对象时，经常需要遍历对象的属性和方法。为了实现这一点，JavaScript 提供了多种遍历对象的方式。

(1) for…in。

遍历一个对象用 for…in 语句，该语句的功能是用于对某个对象的所有成员进行遍历操作，它将一个对象的所有成员名称逐一赋值给一个变量，遍历对象前不需要知道对象属性的个数。语句格式为：

```
for( 变量 in 对象 ){
        循环体；
}
```

在循环体内部，对象的一个成员名会被作为字符串赋值给变量，使用方括号操作符([])，就可以取出对象的每个属性的属性值。

示例 4-12   代码清单如下：

```
let student= {                              //以字面量方式创建对象实例
        name : "tom",                       //设置属性
        age : 20,                           //设置属性
```

```
            say : function(){                    //设置方法
                alert("hello world!")
            }
        };
    student.tel="123877888";                     //添加 tel 属性
    for (let s in student){
        console.log(s+": "+student[s]);          //列举出对象的所有成员及成员的值
    }
```

在示例 4-12 中，定义了一个 student 对象实例，在该对象实例中有 4 个成员，用 for…in 语句取出了这 4 个成员名称及成员值，并将成员名称和成员值连接成一个字符显示出来。在控制台中显示的运行结果如下：

```
name: tom
age: 20
say: function (){
        alert("hello world!")
    }
tel: 123877888
```

(2) 对象的迭代方法。

ES6 提供了以下 3 种方法来实现对象的迭代。

Object.keys(obj)：返回一个包含对象自身的可枚举属性的属性名数组。

Object.values(obj)：返回一个包含对象自身的可枚举属性的属性值数组。

Object.entries(obj)：返回一个包含对象自身的可枚举属性的 [key，value] 数组。

示例 4-13　代码清单如下：

```
let person= {
    name : 'tom',
    age : 20,
    tel : '13877911111'
};
const keys = Object.keys(person);
const values = Object.values(person);
const entries = Object.entries(person);
console.log(keys);       //输出 person 对象的属性名数组：[ 'name', 'age',  'tel' ]
console.log(values);     //输出 person 对象的属性值数组：[ 'tom', 20, '13877911111' ]
console.log(entries);    //输出：[['name', 'tom'], ['age', 20], ['tel', '13877911111']]
```

4.6　对象属性的特性

对象属性的特性包括可写 (writable)、可枚举 (enumerable)、可配置 (configurable)。

这 3 个属性特性控制对象属性的不同方面，如表 4-1 所示。

表 4-1　对象属性的特性及功能

属性特性	功　能	值	对应值的功能描述
可写 (writable)	确定属性的值是否可以被修改	true （默认值）	属性的值可以被修改
		false	属性的值不可被修改
可枚举 (enumerable)	确定属性是否会在对象的枚举操作中出现	true （默认值）	属性可以通过循环遍历、Object.keys()、for...in 等方法进行枚举
		false	属性不会被枚举
可配置 (configurable)	确定属性是否可以被删除，以及属性的特性是否可以被修改	true （默认值）	属性可以通过 delete 操作删除，同时属性的特性也可以通过 Object.defineProperty 进行修改
		false	属性不可被删除，且属性的特性不可被修改

JavaScript 中提供了两种方法来操作属性特性。

(1) Object.defineProperty(obj, prop, descriptor)：用于在对象上定义新属性或修改现有属性。

其中：

obj：要在其上定义属性的对象。

prop：要定义或修改的属性的名称（字符串类型）。

descriptor：一个描述符对象，用于定义或修改属性的特性。描述符对象可以包含以下属性：

① value：属性的值，默认为 undefined。

② writable：属性是否可写，默认为 false。

③ enumerable：属性是否可枚举，默认为 false。

④ configurable：属性是否可配置，默认为 false。

(2) Object.getOwnPropertyDescriptor(obj,prop)：获取对象指定属性的属性特性描述符对象。

其中：

obj：要获取属性描述符的对象。

prop：要获取属性描述符的属性名称。

示例 4-14　代码清单如下：

```
const person = {
    name: '张三'
};
```

```
//使用 Object.defineProperty 定义 name 属性的特性
Object.defineProperty(person, 'name', {
  writable: false,          //name 属性的值不可修改
  enumerable: true,         //name 属性可枚举
  configurable: false       //name 属性不可被删除，且 name 属性的特性不可被修改
});
console.log(person.name);         //输出：张三
//尝试修改属性值
person.name = '李四';             //因为 writable 为 false, 所以不允许修改
console.log(person.name);         //输出：张三
//尝试遍历对象
for(let item in person){console.log(item); }//输出：张三
//尝试删除属性
delete person.name;               //因为 configurable 为 false, 所以不允许删除
console.log(person.name);         //输出：张三
console.log(Object.getOwnPropertyDescriptor(person, 'name'));
//输出：{ value: '张三', writable: false, enumerable: true, configurable: false }
```

4.7　父　类　和　子　类

JavaScript 使用构造函数来模拟类的概念，可以通过原型链实现继承。子类可以继承父类的属性和方法，并且可以在子类中添加自己的属性和方法。

在 JavaScript 中，每个对象都有一个原型 (prototype)，有一个隐藏的 [[Prototype]] 属性，指向它的原型对象。原型对象也是一个对象，它也有自己的 [[Prototype]] 属性，指向它的原型对象，这样形成了一个链条，即原型链。当访问一个对象的属性或方法时，如果该对象本身没有定义该属性或方法，那么 JavaScript 会沿着原型链向上查找，直到找到该属性或方法或者到达原型链的末尾 (null)。

示例 4-15　代码清单如下：

```
//定义一个构造函数 Person
function Person(name) {
  this.name = name;
}
//在 Person 的原型上添加方法 sayHello
Person.prototype.sayHello = function() {
  console.log(`你好，我的姓名是 ${this.name}`);
};
//创建一个 Student 构造函数，继承自 Person
```

```
function Student(name, grade) {
//调用父类构造函数，设置 name 属性
  Person.call(this, name);
  this.grade = grade;
  }
//将 Student 的原型设置为一个新创建的 Person 实例
Student.prototype = Object.create(Person.prototype);
  //在 Student 的原型上添加方法 introduce
  Student.prototype.introduce = function() {
    console.log('我的姓名是 ${this.name}，是 ${this.grade} 年级学生。');
  };
//创建一个 Person 对象
const person = new Person(' 张三 ');
person.sayHello();        //输出：你好，我的姓名是张三
//创建一个 Student 对象
const student = new Student('李四', '五');
student.sayHello();       //输出：你好，我的姓名是李四
student.introduce();      //输出：我的姓名是李四，是五年级学生
```

示例 4-15 的代码展示了如何使用构造函数和原型链来创建类以及实现继承。代码解释如下：

(1) 通过构造函数 Person 创建一个父类 Person，它具有一个属性 name 和一个原型方法 sayHello。

(2) 使用构造函数 Student 创建一个子类 Student，该子类继承自 Person。在子类的构造函数中，使用 Person.call(this,name) 调用父类构造函数来初始化 name 属性，同时在子类中添加了 grade 属性。

(3) 通过 Object.create(Person.prototype) 创建一个新的对象，将其设置为 Student 构造函数的原型。这样，Student 类就继承了 Person 类的原型链。

(4) 在 Student 的原型上添加一个新方法 introduce，用于介绍学生的姓名和年级。

在代码的最后部分，分别创建了 person 对象和 student 对象，并调用它们的方法来验证继承和原型链的工作方式。通过继承和原型链，student 对象继承了 Person 类的方法 sayHello，同时也具有自己的方法 introduce。

原型和原型链机制能够实现对象的继承和共享，从而提高代码的重用性和可维护性。

4.8　对象的方法种类

对象的方法有以下 4 种：

(1) 构造函数：会在使用 new 操作符创建对象实例时被自动调用。

(2) 普通方法 (实例方法)：绑定到对象的实例上，通过对象的实例进行调用。

(3) 原型方法：定义在构造函数的原型 (prototype) 上，所有通过该构造函数创建的对象实例都共享这些原型方法。

(4) 静态方法：直接挂载在构造函数上，只能通过构造函数来访问，通常用于定义相关的实用工具函数，又称为工具方法。

示例 4-16　代码清单如下：

```
function Student(name, age) {        //构造函数 Student
    this.name=name;
    this.age=age;
    this.say=function() {            //在构造函数中定义普通方法 say
    console.log(`你好，我的姓名是 ${this.name}`);
  }
}
//通过 prototype 对象定义原型方法 getName
Student.prototype.getName=function () {
    return this.name;
}
let s1=new Student('张三', 18);
let s2=new Student('李四', 20);
console.log(s1.name);               //输出：张三
console.log(s2.name);               //输出：李四
console.log(s1.getName());          //输出：张三
console.log(s2.getName());          //输出：李四
Student.fn=function(){              //在构造函数中定义静态方法 fn

    console.log('静态方法')
}
Student.fn(); //输出：静态方法
```

4.9　Object 的常用静态方法

上述内容已使用一些 Object 的方法，Object 还有以下常用方法：

(1) Object.getOwnPropertyNames(obj)：返回一个包含对象所有属性 (包括不可枚举属性) 的数组。

示例 4-17　代码清单如下：

```
const person = {name: 'tom', age: 25};
const propertyNames = Object.getOwnPropertyNames(person);
console.log(propertyNames); //输出：["name", "age"]
```

(2) Object.fromEntries(entries)：将键值对数组转换为对象。

示例 4-18　代码清单如下：

```
const entries = [["name", "tom"], ["age", 25] ];
const person = Object.fromEntries(entries);
console.log(person); //输出：{ name: 'tom', age: 25 }
```

(3) Object.getPrototypeOf(obj)：返回对象的原型。

(4) Object.setPrototypeOf(obj，prototype)：设置对象的原型。

示例 4-19　代码清单如下：

```
const person = {name: 'tom', age: 25};
let prototype = Object.getPrototypeOf(person);
console.log(prototype); //输出：{}
const employee = {role: 'Web 前端开发工程师'};
Object.setPrototypeOf(person, employee); //设置 person 对象的原型为 employee
prototype = Object.getPrototypeOf(person); //返回 person 对象的原型
console.log(prototype);    //输出：{role: 'Web 前端开发工程师'}
console.log(person.role); //输出：Web 前端开发工程师
```

(5) Object.create(proto，[propertiesObject])：JavaScript 中用于创建一个新对象的方法。这个方法的作用是以指定的原型对象 proto 作为新对象的原型，并可以选择性地传入属性描述对象 propertiesObject 来定义新对象的属性。

① 参数：该方法可以接收两个参数。第一个参数 proto 是新对象的原型，它可以是任何对象或 null。第二个参数 propertiesObject 是一个可选的对象，用于定义新对象的属性，这个对象的属性名是要定义的属性的名称，属性值是一个描述符对象，用于描述该属性的特性。

② 返回值：返回该方法创建的新对象，该对象的原型是传入的 proto 对象。新对象继承了 proto 对象的属性和方法。

示例 4-20　代码清单如下：

```
const personProto = {
  say() {
    console.log('你好，我的姓名是 ${this.name}');
  }
};
const person1 = Object.create(personProto);
person1.name = "张三";
person1.say(); //输出：你好，我的姓名是张三
const person2 = Object.create(personProto, {
  name: {
```

```
        value: "李四",
        writable: true,
        enumerable: true,
        configurable: true
    }
});
person2.say();  //输出：你好，我的姓名是李四
```

（6）Object.is(value1,value2)：判断两个值是否相同。它类似于严格相等比较 (===)，但在某些特殊情况下有不同的行为。

① 基本用法：Object.is(value1,value2) 接收两个参数 value1 和 value2，然后返回一个布尔值，表示这两个值是否相同。

② 与 === 的区别：Object.is 与 === 在大多数情况下表现相同，但有一些特例需要注意，例如对于 NaN，Object.is(NaN,NaN) 返回 true，而 NaN === NaN 返回 false。对于 +0 和 -0，Object.is(+0,-0) 返回 false，而 +0 === -0 返回 true。

③ 用途：在大多数情况下，使用严格相等比较用 ===，因为它在大多数场景下都能正常工作。Object.is 更适合在需要处理上述特殊情况以及在一些需要特定比较行为的情况下使用。

示例 4-21　代码清单如下：

```
console.log(Object.is(5, 5));              //输出：true
console.log(Object.is('hello', 'hello'));  //输出：true
console.log(Object.is(0, -0));             //输出：false
console.log(Object.is(NaN, NaN));          //输出：true
```

（7）Object.freeze(obj)：冻结一个对象，防止对对象进行修改。冻结后的对象不能添加、删除或修改属性。该方法返回冻结后的对象。

示例 4-22　代码清单如下：

```
const obj = { a: 1, b: 2 };
Object.freeze(obj);
obj.c = 3;              //obj 已冻结，添加不了属性
console.log(obj);       //输出：{ a: 1, b: 2 }
```

（8）Object.seal(obj)：封闭一个对象，防止添加新属性并将所有当前属性标记为不可配置。封闭后的对象仍然可以修改属性的值。该方法返回封闭后的对象。

示例 4-23　代码清单如下：

```
const obj = {a: 1, b: 2};
Object.seal(obj);
obj.c = 3;              //obj 已封闭，添加不了属性
obj.a = 10;            //可以修改属性值
console.log(obj);       //输出：{ a: 10, b: 2 }
```

4.10 Object 的常用原型方法

原型方法是定义在对象的原型链上的方法，所有继承该原型的对象都可以使用这些方法，以下是一些常见的原型方法，它们在日常开发中非常实用。

(1) Object.prototype.toString()：返回表示对象的字符串。

(2) Object.prototype.valueOf()：返回对象的原始值，通常与运算符一起使用。

示例 4-24 代码清单如下：

```
const obj = {key: 'value'};
const arr= [1, 2, 3];
const func = function() {};
const num =new Number(42);
const myString = new String("Hello, world!");
console.log(obj.toString());              //输出：[object Object]
console.log(arr.toString());              //输出：1, 2, 3
console.log(func.toString());             //输出：function() {}
console.log(num.toString());              //输出：42
console.log(myString.toString());         //输出：Hello, world!
console.log(obj.valueOf());               //输出：{ key: 'value' }
console.log(arr.valueOf());               //输出：[ 1, 2, 3 ]
console.log(func.valueOf());              //输出：[Function: func]
console.log(num.valueOf());               //输出：42
console.log(myString.valueOf());          //输出：Hello, world!
```

(3) Object.prototype.hasOwnProperty(prop)：检查对象是否拥有指定属性，不包括继承的属性 (in 操作符会找原型链上的属性)。

示例 4-25 代码清单如下：

```
let person = {
  name: "张三",
  age: 30
};
console.log(person.hasOwnProperty("name"));     //输出 true, 因为 person 对象有一个
                                                //名为 "name" 的属性
console.log(person.hasOwnProperty("job"));      //输出 false, 因为 person 对象没有名
                                                //为 "job" 的属性
console.log(person.hasOwnProperty("toString")); //输出 false, 因为 person 对象没有名
                                                //为 "toString" 的属性
```

console.log('name' in person); //输出 true, 因为 person 对象有一个名为 "name" 的属性
console.log('job' in person);   //输出 false, 因为 person 对象没有名为 "job" 的属性
console.log("toString" in person); //输出 true, 因为 person 对象原型对象 Object 中有
                                        //toString 方法属性

4.11 对象应用举例

　　创建一个学生信息管理对象，该对象用于存放学生学号和姓名，提供通过学号查询到学生姓名的方法，具有列出所有学生的学号和姓名、统计出学生的人数、删除退学和休学学生信息的功能。

　　示例 4-26 代码清单如下：

```javascript
//定义 Student 对象
function Student(){
        let obj; //定义一个局部变量
        obj={}, //设置 obj 的值为空的对象容器, 用来装学生信息, 学号作属性, 姓名作
                //属性值
        //定义 put 方法, 存放学生信息
        this.put=function(studentNo, name){
                obj[studentNo]=name;
        },
        //定义 size 方法, 统计学生人数
        this.size=function(){
                let count=0;
                for(let attr in obj){
                        count++;
                }
                return count;
        },
        //定义 get 方法, 根据学号取得姓名值
        this.get=function(studentNo){
                if(obj[studentNo]){
                        return obj[studentNo];
                }else{
                        return " 没有该学号的学生 ";
                }
        },
```

```javascript
            //定义 remove 方法，根据学号删除学生信息
            this.remove=function(studentNo){
                    delete obj[studentNo];
            },
            //列出所有学生的名单
            this.eachStudent=function(fn){          //参数是一个函数
                    for(let attr in obj){
                            fn(attr, obj[attr]);
                    }
            }
    }
    let student=new Student();                       //创建学生对象实例
    student.put("01", '张三');                        //添加学生信息
    student.put("02", '李四');                        //添加学生信息
    student.put("03", '王五');                        //添加学生信息
    console.log("学号为 02 的学生:"+student.get("02"));    //根据学号取得姓名
    console.log("学生人数:"+student.size());            //统计学生人数
    student.remove("02");                            //删除学号为 "02" 的学生
    console.log("学号为 02 的学生:"+student.get("02"));
    console.log("学生人数:"+student.size());
    student.eachStudent(function(studentNo, name){
            console.log(studentNo+": "+name);
    });
</script>
```

程序运行后，在控制台中输出以下 6 行信息：

```
学号为 02 的学生：李四
学生人数：3
学号为 02 的学生：没有该学号的学生
学生人数：2
01：张三
03：王五
```

4.12　基础练习

1. 填空题。

(1) Object 的静态方法_____可以用于获取对象 obj 的所有可枚举属性组成的

数组。

(2) Object 的静态方法_____可以用于获取对象 obj 的所有可枚举属性值组成的数组。

(3) 使用 Object 的静态方法_____(target,…sources) 可以将多个源对象 sources 的属性合并到目标对象 target 中，返回_____。

(4) 使用 Object 的静态方法_____方法，返回一个包含对象 obj 自身的可枚举属性的 [key,value] 数组。

(5) 使用 Object._____(obj,proto) 方法可以设置一个对象的原型，这可以用来实现对象之间的继承关系。

2. 根据题意读程序填空。

(1) 编写一个构造函数 Animal，并在其原型上添加方法 makeSound。

```
function Animal() { }
Animal_____= function() {              //①_____
    console.log('动物发出声');
};
```

(2) 创建一个 Cat 构造函数，它继承自 Animal，并在其原型上添加方法 meow。

```
function Cat() { }
Cat.prototype =_____;              //②_____
Cat_____= function() {              //③_____
    console.log('猫发出 '喵' 声');
};
```

(3) 创建一个 cat 对象，调用它的方法。

```
const cat = new Cat();
cat.makeSound();              //输出：④_____
cat.meow();              //输出：⑤_____
```

4.13　动手实践

实验 6　图书管理系统

1. 实验目的

熟悉 JavaScript 构造函数的创建和使用。熟悉如何在构造函数中定义方法。理解对象的状态管理，通过方法改变对象的状态。

2. 实验内容及要求

开发一个图书管理系统，需要设计一个 Book 构造函数来表示图书。每本书应包含以下信息：书名、作者、出版日期和是否可借阅的状态。需要实现以下功能：

① 创建 Book 构造函数，它接收书名、作者、出版日期作为参数，并使用构造函数内部将它们分配给对象的属性。

② 在 Book 构造函数里添加一个方法 borrow()，当书被借出时，将其状态设置为不可借阅。

③ 在 Book 构造函数里添加一个方法 returnBook()，当书被归还时，将其状态设置为可借阅。

④ 在 Book 构造函数里添加一个方法 getInfo()，返回一个对象，包括书名、作者、出版日期和状态。

要求：

① 创建多本书对象，每本书的信息都不同。

② 使用 borrow() 和 returnBook() 方法来模拟借书和还书的过程。

③ 使用 getInfo() 方法打印书的信息。

3. 实验步骤

(1) 创建 Book 构造函数。

```
function Book(title, author, publicationDate) {
    this.title = title;
    this.author = author;
    this.publicationDate = publicationDate;
    this.isAvailable = true;
    this.borrow = function () {
      if (this.isAvailable) {
        this.isAvailable = false;
        console.log(`${this.title} 已借出。`);
      } else {
        console.log(`${this.title} 已经借出，无法再次借阅。`);
      }
    };
    this.returnBook = function () {
      if (!this.isAvailable) {
        this.isAvailable = true;
        console.log(`${this.title} 已归还。`);
      } else {
```

```
          console.log(`${this.title} 尚未借出 , 无法归还。`);
        }
      };
      this.getInfo = function () {
        return {
          title: this.title,
          author: this.author,
          publicationDate: this.publicationDate,
          isAvailable: this.isAvailable ? "可借阅" : "不可借阅",
        };
      };
    }
```

(2) 使用构造函数创建多本书对象，每本书的信息都不同。

```
const book1 = new Book("彩色图解道德经", "老子著 , 任犀然编", "2016 年 1 月");
const book2 = new Book("中华成语故事", "朱立春", "2016 年 1 月 ");
const book3 = new Book("二十四史", "《二十四史》编委会编", "2014 年 8 月");
```

(3) 调用 borrow() 和 returnBook() 方法来模拟借书和还书的过程。

```
book1.borrow();          //借出 book1
book2.borrow();          //借出 book2
book1.returnBook();      //归还 book1
book3.borrow();          //借出 book3
```

(4) 使用 getInfo() 方法打印每本书的信息。

```
console.log(book1.getInfo());
console.log(book2.getInfo());
console.log(book3.getInfo());
```

4. 总结

本实验通过设计图书对象实践了构造函数、方法的使用，以及如何通过方法改变对象的状态。

5. 拓展

(1) 在构造函数中添加其他属性，如图书编号、出版社等。

(2) 扩展 Book 对象，使其支持更多操作，如查找作者的其他作品。

第 5 章　DOM 与 BOM

在浏览器环境下，JavaScript 主要由 ECMAScript、DOM 和 BOM 三部分组成。前面章节已介绍了一些 ECMAScript 的核心内容，本章重点介绍 DOM 和 BOM。

5.1　DOM

在早期的 Web 中，网页主要是静态的，而 DOM 的出现使得开发者可以通过 JavaScript 动态地更新和改变页面的内容、结构和样式，这为实现交互性的动态网页提供了基础。

 ### 5.1.1　DOM 树

将网页中文档的对象关系规划为节点层级，各对象间的层次结构被称为 DOM 树 (将网页表示为一棵树状结构)。

示例 5-1　代码清单如下：

```
<html>
<head>
  <title> 诗 </title>
</head>
<body>
  <h3 > 咏柳 </h3>
  <ul id="poem">
    <li> 碧玉妆成一树高 </li>
    <li style="color: green; "> 万条垂下绿丝绦 </li>
  </ul>
</body>
</html>
```

示例 5-1 的网页文档对应的 DOM 树如图 5-1 所示。

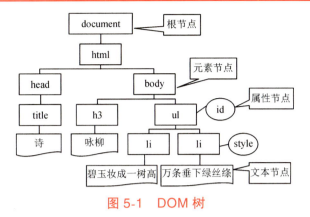

图 5-1　DOM 树

5.1.2　节点类型

DOM 树中的节点有以下几种：

(1) 根节点：DOM 树的最顶层节点，代表整个 HTML 或 XML 文档。在 JavaScript 中，可以通过 document 对象来访问根节点。

(2) 元素节点：代表 HTML 或 XML 文档中的标签元素，如 <h3>、<p>、<span> 等。每个元素节点可以包含其他元素节点、文本节点和属性节点。

(3) 文本节点：包含文档中的文本内容，例如段落中的文字。文本节点是 DOM 树中的叶子节点，其没有子节点。

(4) 属性节点：代表元素的属性，如 id、class 等，它们附加在元素节点上。

5.1.3　节点之间的关系

1. 父节点 (Parent Node) 和子节点 (Child Nodes)

DOM 树中的节点之间存在层次关系。一个元素节点可以有一个父节点和多个子节点。例如，示例 5-1 中的 <ul> 元素可以包含多个 <li> 子节点，这些子元素都是 <ul> 的子节点。

2. 兄弟节点 (Siblings)

同一级别的节点称为兄弟节点。例如，示例 5-1 中的 <ul> 元素包含多个 <li> 子节点，这些子节点都是兄弟节点。

5.2　DOM API

DOM API 是由浏览器提供的，可用于动态访问，更新网页文档的内容、结构和样式。开发者可以使用 DOM API 来访问和操作 DOM 树以及 HTML 和 XML 文档中的元素，如修改元素的属性、内容和样式，创建、删除和修改元素，添加事件处理程序等。

5.2.1　获取元素的 API

若想操作 HTML 元素，首先要获得这个元素对象。document 对象提供了诸多 API 来获取元素，常用方法如下：

(1) getElementById(id)：通过元素的唯一 id 获取元素。返回具有指定 id 的元素，如果找不到匹配的元素，则返回 null。

(2) getElementsByTagName(tagName)：通过标签名获取元素。返回具有指定标签名的元素集合，以 HTMLCollection 类数组返回，可以通过索引来访问其中的元素。

(3) querySelector(selector)：通过 CSS 选择器获取元素。返回文档中与指定 CSS 选择器匹配的第一个元素，如果找不到匹配的元素，则返回 null。

(4) querySelectorAll(selector)：通过 CSS 选择器获取多个元素。返回文档中与指定 CSS 选择器匹配的所有元素集合，以 NodeList 类数组返回，可以通过索引来访问其中的元素。

(5) getElementsByClassName(className)：通过类名获取元素。返回文档中与指定类名匹配的所有元素集合，以 HTMLCollection 类数组返回，可以通过索引来访问其中的元素。

示例 5-2　获取元素，在示例 5-1 的代码后添加以下代码：

```
<script>
    let oUl=document.getElementById('poem')              //poem 是 id 号的值
    console.log(oUl);
    let oUl1=document.getElementsByTagName('ul')          //ul 是标签名
    console.log(oUl1);
    console.log(oUl1[0]);
    let oLi=document.querySelector('li')                 //li 是 CSS 标签选择器
    console.log(oLi);
    let oLi1=document.querySelectorAll('li')             //li 是 CSS 标签选择器
    console.log(oLi1);
    console.log(oLi1[0]);
</script>
```

在浏览器中运行，在控制台中输出，程序中的输出语句与对应的输出结果如图 5-2 所示。

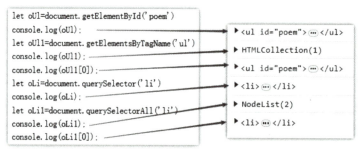

图 5-2　示例 5-2 输出语句与对应的输出结果

5.2.2　遍历 DOM 的 API

通过节点关系可以遍历 DOM 树。DOM 树中的节点之间存在层次关系，包括父节点、子节点、兄弟节点等，这些关系可以用于导航和遍历 DOM 树的不同部分。

1. 节点遍历 API

使用节点的 parentNode 属性可以访问节点的父节点。例如，要访问某个元素 element 的父元素，可以使用 element.parentNode。

使用节点的 childNodes 属性可以获得节点的所有子节点的集合。这个集合通常是一个包含所有子节点的 NodeList 类数组。通过索引可以访问特定子节点。

使用节点的 firstChild 和 lastChild 属性可以分别获取节点的第一个子节点和最后一个子节点。

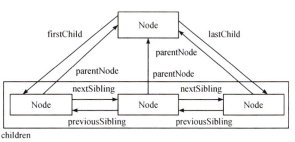

使用节点的 previousSibling 和 nextSibling 属性可以获取节点的前一个兄弟节点和后一个兄弟节点。这使得在同一层级的节点之间进行遍历变得更加容易。

图 5-3　节点遍历

节点遍历如图 5-3 所示。

2. 元素节点遍历 API

使用元素节点的 parentElement 属性可以获得节点的父元素，通常用于访问包含当前元素的最近的父元素。

使用元素节点的 children 属性可以获得节点的所有子元素的集合。这个集合通常是一个包含所有子元素的 HTMLCollection 类数组。通过索引可以访问特定子元素。

使用元素节点的 previousElementSibling 和 nextElementSibling 属性可以获取节点的前一个兄弟元素和后一个兄弟元素。这使得在同一层级的元素节点之间进行遍历变得更加容易。

元素节点遍历如图 5-4 所示。

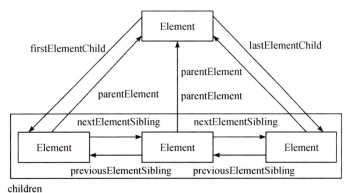

图 5-4　元素节点遍历

示例 5-3　元素节点遍历，在示例 5-1 的代码后添加以下代码：

```
<script>
let oUl=document.getElementById('poem');
console.log(oUl.parentElement);
console.log(oUl.children);
console.log(oUl.firstElementChild);
console.log(oUl.lastElementChild);
console.log(oUl.previousElementSibling);
console.log(oUl.nextElementSibling);
</script>
```

在浏览器中运行，在控制台中输出，程序中的输出语句与对应输出结果如图 5-5 所示。

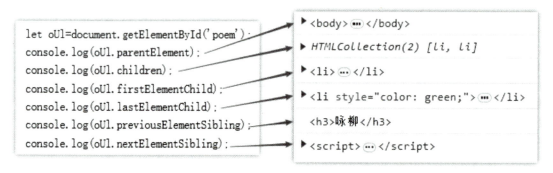

图 5-5　示例 5-3 输出语句与对应输出结果

 ### 5.2.3　修改元素内容的 API

使用 textContent 或 innerText 属性可以修改元素的文本内容。使用 innerHTML 属性可以修改元素的 HTML 内容。使用 outerHTML 属性可以替换整个元素。

示例 5-4　修改元素内容，代码清单如下：

```
<html>
<head>
  <title>修改元素内容</title>
</head>
<body>
  <p>1-- 文本内容</p>
  <p>2-- 文本内容</p>
  <p>3-- 文本内容</p>
</body>
<script>
let oP= document.getElementsByTagName('p');
oP[0].textContent = '新的文本内容';
```

```
        oP[1].innerHTML = '<strong> 新的 </strong> HTML 内容 ';
        oP[2].outerHTML='<div> 盒子 </div>'
    </script>
</html>
```

在浏览器中运行，打开浏览器开发者工具中的 Elements 面板，运行效果如图 5-6 所示。

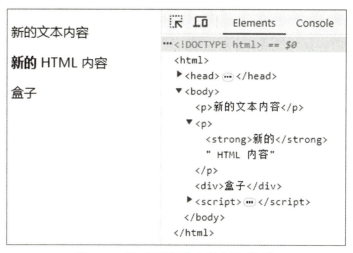

图 5-6　修改元素内容的运行效果

 5.2.4　元素操作的 API

1. 创建元素

使用 createElement 方法可以创建新的 HTML 元素。其语法如下：

```
document.createElement('TagName');
```

例如：

```
let newElement = document.createElement('div');
```

2. 添加元素

使用 appendChild 或 insertBefore 方法可以将新元素添加到 DOM 中。其中：appendChild 方法用于将一个新元素添加到指定元素的子节点列表的末尾；insertBefore 方法用于将新元素插入指定的子元素之前。这两个方法的语法如下：

```
parentElement.appendChild(newElement);
parentElement.insertBefore(newElement, existingElement);
```

示例 5-5　添加元素，代码清单如下：

```
<html>
<head>
    <title> 操作元素 </title>
</head>
```

```
<body>
  <ul id="parent">
    <li> 列表第 1 项 </li>
    <li> 列表第 2 项 </li>
    <li> 列表第 3 项 </li>
  </ul>
</body>
<script>
  let newLi= document.createElement('li');        //创建一个新的 li 元素
  newLi.textContent = '这是第 1 个新的列表项'; //设置 li 内容
  //获取要添加到的父元素
  let parentElement = document.getElementById('parent');
  parentElement.appendChild(newLi); //将新 li 添加为父元素的最后一个子节点
  let newLi2= document.createElement('li');
  newLi2.textContent = '这是第 2 个新的列表项';
  parentElement.insertBefore(newLi2, parentElement.children[1])
</script>
</html>
```

运行效果如图 5-7 所示。

图 5-7　添加元素的运行效果

3. 替换元素

使用 replaceChild 方法可以实现用一个新的节点替换掉指定元素的子节点。其语法如下：

```
parentElement.replaceChild(newElement, oldElement);
```

4. 删除元素

使用 removeChild 方法可以实现从父节点中删除指定的子节点。使用 remove 方法可以直接从 DOM 中删除元素本身。这两个方法的语法如下：

```
parentElement.removeChild(childElement);
elementToRemove.remove();
```

示例 5-6　替换和删除元素，代码清单如下：

```
<html>
<head>
    <title> 操作元素 </title>
</head>
<body>
    <ul id="parent">
        <li> 列表第 1 项 </li>
        <li> 列表第 2 项 </li>
        <li> 列表第 3 项 </li>
        <li> 列表第 4 项 </li>
        <li> 列表第 5 项 </li>
    </ul>
</body>
<script>
    let newLi= document.createElement('li');                    //创建一个新的 li 元素
    newLi.textContent = '这是第 1 个新的列表项';                  //设置 li 内容
    let parentElement = document.getElementById('parent');      //获取父元素
    parentElement.replaceChild(newLi, parentElement.children[1]) //新的 li 替换了第 2 个 li
parentElement.removeChild(parentElement.children[2]);           //删除第 3 个 li
parentElement.children[3].remove();                             //删除第 4 个 li
</script>
</html>
```

运行效果如图 5-8 所示。

图 5-8　替换和删除元素的运行效果

 5.2.5　属性操作的 API

DOM 元素的属性通常也可以通过直接访问对象的属性来进行操作。例如，使用
element.id 可以获取或设置元素的 id 属性。

JavaScript 可以为 DOM 元素对象添加任意个自定义属性，元素对象的自定义属性
一般用于存储数据。例如单击一个按钮，该按钮在开与关两种状态之间切换，可以自定

义一个属性来记录按钮开和关的状态。

本小节重点介绍样式属性操作的 API。

1. style 属性

style 属性用于直接访问和修改元素的样式。设置元素的类名的语法如下：

    element.style. 样式属性名 = 值

其中，样式属性名在 JavaScript 中的书写遵循驼峰命名法，即移除 CSS 样式属性名中的短横线，将其后每个单词的首字母改为大写，如 font-size 改写为 fontSize，background-color 改写为 backgroundColor，border-bottom-width 改写为 borderBottomWidth 等。

例如：

    oDiv.style.borderColor = 'red';

2. className 属性

className 属性用于获取或设置元素的类名。设置元素的类名的语法如下：

    element.className= 类名

例如：

    oDiv.className='box';

示例 5-7　用 JavaScript 设置两个大小相同的盒子。

要求：设置第一个盒子的背景色为红色、字体为白色，用 className 属性实现；设置第二个盒子的背景色为绿色，字号为 30px，用 style 属性实现。代码清单如下：

```
<html>
<head>
<title> 样式设置示例 </title>
<style>
    div {width: 100px; height: 100px;}
    .box {background: red; color: white;}
</style>
</head>
<body>
    <div id="div1">div1</div>
    <div id="div2">div2</div>
</body>
<script>
    let oDiv1=document.getElementById('div1');
    oDiv1.className='box';                  //给 oDiv1 元素添加 .box 类
    let oDiv2=document.getElementById('div2');
    oDiv2.style.background='green';         //设置盒子的背景色为绿色
    oDiv2.style.fontSize='30px';            //设置盒子的字号大小
</script>
</html>
```

3. classList 属性

classList 是一个 DOMTokenList 属性，能获取元素的类名列表，该属性还提供了一组方法，允许添加、删除、切换类名，以及检查类名是否存在。classList 属性的方法如表 5-1 所示。

表 5-1　classList 属性的方法

序号	方法	说　　明
1	add('类名')	添加一个新的类名。例如：element.classList.add('newClass');
2	remove('类名')	删除一个类名。例如：element.classList.remove('myClass');
3	toggle('类名')	切换类名，如果存在就删除，不存在就添加。例如：element.classList.toggle('active');
4	contains('类名')	检查类名是否存在，返回一个布尔值。例如：element.classList. contains('someClass');

示例 5-8　应用 classList 属性，代码清单如下：

```html
<html>
<head>
  <title>classList</title>
  <style>
    .sizeClass{width: 100px; height: 100px; border: 2px solid red; padding: 3px;}
    .positionClass{position:  absolute; top: 50px; left: 50px; overflow: visible;}
    .fontClass{font-size: 20px; color:  red; }
  </style>
</head>
<body>
  <div id="myElement" class="sizeClass positionClass"> 盒子的样式 </div>
<script>
  let element = document.getElementById('myElement');
  let cc=element.classList;                          //获取元素的类名列表
  let cc1=element.classList.contains('active');      //检查 active 类名是否存在
  let cc2=element.classList.contains('positionClass');
  console.log(cc);        //输出：['sizeClass', 'positionClass']
  console.log(cc1);       //输出：false
  console.log(cc2);       //输出：true
  element.classList.add('fontClass');                //添加 fontClass 类
  element.classList.remove('positionClass');         //删除 positionClass 类
  element.classList.toggle('active');                //如果没有 active 类，则添加 active 类
```

```
</script>
</body>
</html>
```

在 Chrome 浏览器中运行程序，打开开发者工具中的 Elements 面板，可以查看到此时 id 为 myElement 元素：<div id="myElement" class="sizeClass fontClass active"> 盒子的样式 </div>。该元素原来的 positionClass 类名已被删除，添加了 fontClass、active 类名。

4. 样式值的获取

1) 使用 style 属性来获取样式值

使用 style 属性只能获取行内样式设置的值。

示例 5-9　获取行内样式，代码清单如下：

```
<html>
<head>
  <title> 获取行内样式示例 </title>
  <style>
    div{color: white; font-size: 20px; text-align: center;}
  </style>
</head>
<body>
  <div id="box" style="width: 100px; height: 100px; background-color: red"> 样式获取示例 </div>
  <script>
    let oDiv = document.getElementById("box");
    console.log(oDiv.style.color);              //显示空，没有获取到内联式设置的样式值
    console.log(oDiv.style.backgroundColor); //输出：red（获取到行内样式的值）
  </script>
</body>
</html>
```

style 属性只能获取行内样式，不能获取内联式 <style> 标签中定义的样式，也不能获取外部样式。

2) 通过 getComputedStyle() 方法获取元素最终的样式值

getComputedStyle() 方法是 JavaScript 中用于获取计算后的样式的方法。它返回一个包含所有 CSS 属性及其对应的计算后的值的对象。其语法如下：

```
getComputedStyle(element)
```

示例 5-10　获取元素最终的样式值，代码清单如下：

```
<html>
<head>
  <title> 获取元素最终的样式值 </title>
```

```html
<style>
  div{color: white; font-size: 20px; text-align: center;}
</style>
</head>
<body>
<div id="box" style="width: 150px; height: 150px; background-color: red">样式获取示例 </div>
<script>
const element = document.getElementById("box");
const  computedStyle = getComputedStyle(element);
console.log(computedStyle.width);              //输出：150px
console.log(computedStyle.height);             //输出：150px
console.log(computedStyle.color);              //输出：rgb(255, 255, 255)
console.log(computedStyle.fontSize);           //输出：20px
console.log(computedStyle.textAlign);          //输出：center
console.log(computedStyle.backgroundColor);    //输出：rgb(255, 0, 0)
</script>
</body>
</html>
```

5. 获取元素在视口中的位置和大小信息

1) 通过 getBoundingClientRect() 方法获取

getBoundingClientRect() 方法是 JavaScript 中用于获取元素在视口中的位置和大小信息的方法。该方法返回一个包含元素位置和尺寸的 DOMRect 对象，该对象包含以下属性。

(1) 元素定位的属性。

① top：元素上边框相对于视口顶部的距离。

② left：元素左边框相对于视口左侧的距离。

③ right：元素右边框相对于视口左侧的距离。

④ bottom：元素下边框相对于视口顶部的距离。

(2) 元素大小的属性。

① width：元素的宽度，包括内边距和边框。

② height：元素的高度，包括内边距和边框。

2) 通过元素的属性获取

(1) 获取元素定位的属性。

① element.offsetTop：获取元素上边缘相对于其最近的有定位祖先元素的上边缘的距离。

② element.offsetLeft：获取元素左边缘相对于其 offsetParent 元素的左边缘的距离。

(2) 获取元素大小的属性。

① element.offsetWidt：获取元素的宽度，包括内边距和边框。

② element.offsetHeight：获取元素的高度，包括内边距和边框。

③ element.clientWidth：获取元素的宽度，包括内边距，不包括边框。

④ element.clientHeight：获取元素的高度，包括内边距，不包括边框。

⑤ element.scrollWidth：获取元素的宽度，包括溢出内容的部分。

⑥ element.scrollHeight：获取元素的高度，包括溢出内容的部分。

5.3　DOM 事件

 ## 5.3.1　DOM 事件及事件属性

DOM 事件是指在 HTML 或 XML 文档中发生的事情，如单击、键盘输入、鼠标移动等。事件可以由用户触发，也可以由浏览器或脚本触发。事件类型有多种，如单击事件、键盘事件、鼠标事件、表单事件等。

事件属性是指在 HTML 或通过 JavaScript 设置的属性，用于指定事件发生时要执行的脚本。

常见事件及事件属性如表 5-2 所示。

表 5-2　常见事件及事件属性

事　件	事件属性	描　　述
load	onload	页面加载完成时触发此事件
click	onclick	鼠标单击某个元素时触发此事件
mouseover	onmouseover	鼠标移到某元素之上时触发此事件
mouseup	onmouseup	鼠标按键被松开时触发此事件
mousedown	onmousedown	鼠标按键被按下时触发此事件
mouseout	onmouseout	鼠标离开某元素时触发此事件
contextmenu	oncontextmenu	鼠标右键单击时触发此事件
focus	onfocus	某个元素获得焦点时触发此事件
blur	onblur	当前元素失去焦点时触发此事件
change	onchange	当前元素失去焦点并且元素内容发生改变时触发此事件
reset	onreset	表单被重置时触发此事件
submit	onsubmit	表单被提交时触发此事件

5.3.2　事件驱动

采用事件驱动是 JavaScript 语言的一个最基本特征。事件驱动的特点在于代码块的运行与否与程序流程无关。事件驱动模型主要是面向用户的，当用户做出某个动作时才会触发执行。所以 JavaScript 的事件处理模型是：

① 获取 DOM 节点。

② 为该 DOM 节点指定事件处理程序。

③ 如果事件被触发，那么执行用于处理该事件的特定函数。

5.3.3　指定事件处理程序

通过事件属性来指定事件处理程序 (添加事件监听器)。

1. 通过 HTML 标签的事件属性指定事件处理程序

将事件处理程序视为元素事件属性的属性值，直接嵌入 HTML 的标签内。其语法如下：

```
事件属性 ='事件处理程序'
```

示例 5-11　代码清单如下：

```
<html>
<head>
<title> 事件处理示例 </title>
<style>
        div {width: 200px; height: 200px; background: red; display: none;}
</style>
</head>
<body>
        <input id="btn" type="button" onClick="showHide()" value="显示" />
        <div id="div1"></div>
<script>
let oBtn = document.getElementById('btn');
let oDiv = document.getElementById('div1');
let onOff=true;
function showHide(){
        if(onOff){
                oDiv.style.display = 'block';
                oBtn.value="隐藏"
                onOff=false;
        }else{
```

```
                  oDiv.style.display = 'none';
                  oBtn.value="显示"
                  onOff=true;
            }
      }
</script>
</body>
</html>
```

在浏览器中预览，单击按钮时，盒子在显示和隐藏两种状态之间切换。示例 5-11 中元素 <input id="btn" type="button" onClick="showHide()" value="显示" /> 的事件属性 "onClick" 值是调用函数 showHide()，该函数是事件处理程序，在 <script></script> 标签对中定义。

2. 通过 JavaScript 设置事件属性

把一个函数赋值给元素对象的一个事件属性。其语法如下：

```
元素 . 事件属性 =function(){//事件处理程序};
```

或

```
元素 . 事件属性 = 函数名 ;
```

示例 5-12　代码清单如下：

```
<html>
<head>
<title> 事件处理示例 </title>
<style>
      div { width: 200px; height: 200px; background: red; display: none; }
</style>
</head>
<body>
      <input id="btn" type="button" value="显示" />
      <div id="div1"></div>
<script>
   const oBtn = document.getElementById('btn');
   const oDiv = document.getElementById('div1');
   let onOff=true;
   function showHide(){
     if(onOff){
       oDiv.style.display = 'block';
       oBtn.value="隐藏"
       onOff=false;
     }else{
```

```
        oDiv.style.display = 'none';
        oBtn.value="显示"
        onOff=true;
      }
    }
    oBtn.onclick =showHide;  //设置事件处理程序
</script>
</body>
</html>
```

页面上单击按钮功能的实现是先找到 id 属性为"btn"的那个按钮元素，然后通过 onclick 属性在该元素中设置发生单击事件所要执行的代码，把匿名函数赋给"onclick"，而那个匿名函数会把"div1"盒子显示或隐藏。

3. 通过 addEventListener 和 removeEventListener 添加和移除事件监听

添加事件监听的语法如下：

```
element.addEventListener( 事件名 , 事件处理程序 )
```

移除事件监听的语法如下：

```
element.removeEventListener( 事件名 , 事件处理程序 )
```

例如，把示例 5-12 中添加的事件处理程序改写为 addEventListener 方式：

```
oBtn.addEventListener('click', showHide)
```

 5.3.4　事件流模型

事件在 DOM 中的传播是通过事件流模型进行的，其过程分为以下三个阶段。

(1) 捕获阶段：事件对象从 Window 传播到目标的父级，通过了目标的所有祖先 (事件从树的根开始，向下传播到目标元素)。

(2) 目标阶段：事件对象到达事件对象的事件目标。如果事件类型表明事件不冒泡，那么事件对象将在完成此阶段后停止。

(3) 冒泡阶段：事件对象从目标的父级开始，以相反的顺序传播到 Window，通过了目标的祖先 (事件从目标元素开始向上冒泡，返回到树的根)。

示例 5-13　代码清单如下：

```
<html>
<head>
<title> 事件流模型 </title>
<style>
  *{margin: 0; padding: 0;}
  #div1 {width: 200px; height: 200px; background: red; padding: 30px;}
  #p2 {width: 200px; height: 200px; background: green;}
  #span3 {width: 100px; height: 100px; background: blue; position: absolute;    left:
```

```
300px;}
</style>
</head>
<body>
    <ul>
        <li> 列表项 1</li>
        <li> 列表项 2</li>
    </ul>
    <div id="div1">
    <p id="p2">
        <span id="span3"> 冒泡与捕获 </span>
    </p>
    </div>
</body>
</html>
```

以 span 元素为目标对象，单击 span 元素的事件流模型如图 5-9 所示。

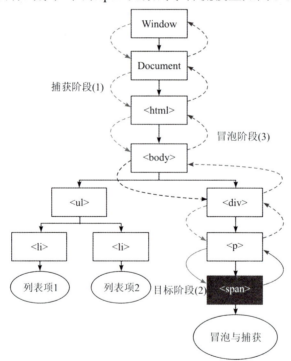

图 5-9　事件流模型

事件对象被分派到事件目标，在分派开始之前，首先确定事件对象的传播路径。路径设有捕获路径、冒泡路径，用于描述从页面中接收事件的顺序。沿着事件对象路径的每个元素都可以有事件监听器，用于在捕获、目标或冒泡阶段响应事件。捕获路径事件的执行顺序是在捕获阶段从根到目标；冒泡路径事件的执行顺序是在冒泡阶段从目标返回到根。

事件对象的传播路径在添加事件监听器指定，其语法如下：

element.addEventListener(事件名 , 事件处理程序 , 事件对象的传播路径)

其中第三个参数"事件对象的传播路径"的值为布尔值，false 表示冒泡路径，true 表示捕获路径。如果不写第三个参数，默认值为 false，是冒泡路径。

示例 5-14　在示例 5-13 中，给 div、p、span 三个元素注册单击事件，添加代码如下：

```
<script>
        const oDiv1 = document.getElementById('div1');
        const oP2 = document.getElementById('p2');
        const oSpan3 = document.getElementById('span3');
        function fn1() {
                console.log(this.id);
                }
        oDiv1.addEventListener('click', fn1, false);
        oP2.addEventListener('click', fn1, false);
        oSpan3.addEventListener('click', fn1, false);
</script>
```

在浏览器中运行，单击 span 元素，在控制台中输出：

span3

p2

div1

可见，事件的执行顺序是从目标返回到根。

把事件的传播路径修改为捕获，修改代码如下：

```
oDiv1.addEventListener('click', fn1, true);
oP2.addEventListener('click', fn1, true);
oSpan3.addEventListener('click', fn1, true);
```

再次在浏览器中运行，单击 span 元素，在控制台中输出：

div1

p2

span3

可见，事件的执行顺序是从根到目标。

 ### 5.3.5　事件对象

事件对象是在事件发生时由浏览器创建的对象，它包含了与事件相关的详细信息。JavaScript 通过事件对象获取有关事件的详细信息。

事件处理函数的第一个参数是事件对象，可以通过这个参数获取事件相关的信息。通常，这个参数被命名为 event 或者缩写为 e。

示例 5-15　获取事件对象，代码清单如下：

```
<html>
<head>
```

```
    <title> 事件对象 </title>
  </head>
  <body>
    <button id="myButton"> 点击我 </button>
    <script>
      const myButton=document.getElementById('myButton')
      myButton.addEventListener('click', function (event) {
      console.log(event);
      console.log('事件类型:', event.type);
      console.log('目标元素:', event.target);
      console.log('鼠标指针的 X 坐标:', event.clientX);
      console.log('鼠标指针的 Y 坐标:', event.clientY);
      });
    </script>
  </body>
</html>
```

在浏览器中运行，单击按钮，在控制台中输出：

```
PointerEvent {isTrusted: true, pointerId: 1, width: 1, height: 1, pressure: 0, …}
```

事件类型：click

目标元素：`<button id="myButton"> 点击我 </button>`

鼠标指针的 X 坐标：32

鼠标指针的 Y 坐标：14

在控制台中单击 PointerEvent 事件对象，可以展开该事件对象的详细信息。

事件对象的常用方法如下：

① preventDefault()：阻止事件的默认行为，比如阻止单击链接时的页面跳转。

② stopPropagation()：阻止事件在 DOM 层次结构中的进一步传播，即取消事件的捕获或冒泡阶段。

示例 5-16　代码清单如下：

```
<html>
<head>
<title> 事件对象 </title>
<style>
  *{margin: 0; padding: 0;}
  #div1 {width: 200px; height: 200px; background: red; padding: 30px;}
  #p2 {width: 200px; height: 200px; background: green;}
  #a3 {width: 100px; height: 100px; background: blue; position: absolute; left:
  300px;}
</style>
</head>
```

```
<body>
<div id="div1">
    <p id="p2">
        <a id="a3" href="http: //www.baidu.com"> 百度 </a>
    </p>
</div>
<script>
        const oDiv1 = document.getElementById('div1');
        const oP2 = document.getElementById('p2');
        const oA3 = document.getElementById('a3');
    oDiv1.addEventListener('click', function(){
         console.log(this.id);
    }, false);
    oP2.addEventListener('click', function (event) {
        console.log(this.id);
        event.stopPropagation();
    }, false);
    oA3.addEventListener('click', function(event){
        console.log(this.id);
        event.preventDefault();
    }, false);
</script>
</body>
</html>
```

在浏览器中运行，单击"百度"，在控制台中输出：

```
span3
p2
```

可见，事件停止冒泡到上一个父元素，这里因为在 oP2 的事件处理程序中添加了
"event.stopPropagation();"语句，阻止了进一步传播；单击"百度"，并没有跳转到
百度网页，这是因为在 oA3 的事件处理程序中添加了"event.preventDefault();"语句，
阻止了单击 a 标签的默认跳转行为。

5.4　BOM

　　BOM 是 JavaScript 中用于与浏览器窗口和浏览器本身进行交互的一组对象和
API。BOM 不是标准的 JavaScript 对象，它是浏览器厂商根据需要提供的，因此不同

浏览器可能提供不同的 BOM 功能和特性。BOM 的核心对象包括 window、location、navigator、history 等。

 ## 5.4.1　window 对象

window 对象是浏览器环境中的全局对象，它包含了许多属性，提供了与浏览器窗口和环境有关的信息。以下是一些常见的 window 对象的属性、方法及事件。

1. 获取浏览器窗口的大小和位置的属性

使用 window 对象的属性可以获取浏览器窗口的大小和位置。

(1) 获取浏览器窗口的视口宽度和高度，例如：

```
const windowWidth = window.innerWidth;        //获取浏览器窗口的视口宽度
const windowHeight = window.innerHeight;      //获取浏览器窗口的视口高度
```

返回浏览器窗口的视口宽度和高度，不包括滚动条和工具栏。

(2) 获取整个浏览器窗口的宽度和高度 (包括滚动条和工具栏)，例如：

```
const windowWidth = window.outerWidth;
const windowHeight = window.outerHeight;
```

(3) 获取浏览器窗口左上角的坐标位置，例如：

```
const windowX = window.screenX;
const windowY = window.screenY;
```

2. 在客户端存储数据的属性

localStorage 和 sessionStorage 对象用于在客户端存储数据。它们允许开发者在浏览器中存储键值对的数据，以便在页面会话之间保持状态。两种存储方式如表 5-3 所示。

表 5-3　localStorage 和 sessionStorage

项　目	localStorage(本地存储)	sessionStorage(会话存储)
持久性	数据在浏览器关闭后仍然存在，直到被明确删除	数据在页面会话期间存在。当用户关闭标签页或浏览器时，数据将被清除
作用域	存储在 localStorage 中的数据在相同域下的所有页面之间共享	存储在 sessionStorage 中的数据仅在同一标签页或同一窗口的页面之间共享
存储数据	localStorage.setItem('key', 'value')	sessionStorage.setItem('key', 'value')
获取数据	localStorage.getItem('key')	sessionStorage.getItem('key')
删除数据	localStorage.removeItem('key');	sessionStorage.removeItem('key');
清空所有数据	localStorage.clear();	sessionStorage.clear();

3. 在控制台中输出信息的方法

window 对象提供了在控制台中输出信息的方法，如 log()、warn()、error() 等。这些方法的使用在第 1 章已有介绍。

4. 弹出对话框的方法

(1) window.alert(message)：在浏览器中弹出一个带有提示信息的对话框。参数 message 是提示信息。例如：

```
window.alert('Hello, world!');
```

(2) window.confirm(message)：显示一个带有提示信息和确认按钮的对话框。返回一个布尔值，表示用户是否点击了确认按钮。参数 message 是提示信息。

示例 5-17　代码清单如下：

```
let result = window.confirm('确定 ?');
if (result) {
        console.log('用户点击了确认按钮');
} else {
console.log('用户点击了取消按钮');
}
```

(3) window.prompt(message,defaultText)：显示一个带有提示信息、输入框和确定、取消按钮的对话框。返回用户输入的文本，如果用户点击取消按钮，则返回 null。参数 message 是提示信息；defaultText 是输入框中的默认值。

示例 5-18　代码清单如下：

```
let userInput = window.prompt('请输入你的姓名', '张三');
if (userInput !== null) {
        console.log(userInput);     //用户输入了文本
} else {
        console.log(userInput);     //用户点击了取消按钮
}
```

5. 打开窗口的方法

使用 window.open(url,target,features) 可以打开一个新的浏览器窗口或标签页。该方法中各参数解释如下：

① url：要打开的 URL 地址，可以是相对路径或绝对路径。

② target: 指定在何处打开 URL。target 的取值包括 _blank、_self、_parent、_top 或自定义的窗口名称。当取值为 _blank 时，URL 在新窗口或新标签页中打开。当取值为 _self 时，URL 在当前窗口中打开。当取值为 _parent 时，URL 在父框架中打开。当取值为 _top 时，URL 在整个窗口中打开,忽略所有框架。当取值为自定义的窗口名称时，如果浏览器中已经存在具有该名称的窗口，则 URL 会在该窗口中打开；如果不存在该窗口，则会新建一个窗口，并在其中打开指定的 URL 地址。

③ features：一个以逗号分隔的字符串，指定新窗口的特性，如大小、位置、是否显示工具栏等。

例如：设 url 为 ""https://www.example.com""，features 为 ""width=300, height= 300, toolbar=no""，则

```
window.open('https: //www.example.com', '_blank', 'width=500, height=400');
```

6. 关闭窗口的方法

使用 window.close() 可以关闭当前浏览器的窗口或标签页。

7. 定时器

1) window.setTimeout() 定时器

window.setTimeout() 可以简写成 setTimeout()，因为 window 对象是最顶层的对象，所以调用它的属性或方法时可以省略 window。

setTimeout(函数，毫秒) 定时器可以实现延时操作，即延时到指定一段时间后执行指定的代码 (调用函数)。第一个参数表示要执行的代码，第二个参数表示要延时的毫秒值。

示例 5-19　代码清单如下：

```
function start(){ //定义 start 函数
        alert("2 s 已经过去了");
}
setTimeout(start, 2000);    //2 s 后调用 start 函数
```

示例 5-19 的代码实现的功能是：当网页打开后，停留 2 s 就会弹出 alert() 提示框。当需要清除定时器时，可以使用 clearTimeout() 方法。

示例 5-20　代码清单如下：

```
function fnA(){
        alert("定时器 A");
}
function fnB(){
        alert("定时器 B");
}
let t1 = setTimeout(fnA, 2000);    //设置定时器 t1, 2 s 后调用 fnA 函数
let t2 = setTimeout(fnB, 2000);    //设置定时器 t2, 2 s 后调用 fnB 函数
clearTimeout(t1);                  //清除定时器 t1
```

2) window setInterval() 定时器

同 setTimeout() 一样，window.setInterval() 可简写成 setInterval()。setInterval(函数，毫秒) 定时器用于周期性执行脚本，即每隔一段时间重复执行指定的代码 (调用函数)。需要注意的是，如果不使用 clearInterval() 清除定时器，该方法会一直循环执行，直到页面关闭为止。

setTimeout 和 setInterval 的语法相同。它们都有两个参数，setInterval 在执行完一次代码之后，经过了那个固定的时间间隔，还会自动重复执行代码，而 setTimeout 只执行一次代码。

如果在项目开发中使用了定时器，那么在一个定时器执行结束时，要调用 clearInterval 或 clearTimeout 方法来清除定时器，以免因定时器之间互相干扰而出现一些不确定的现象。

8. 窗口事件

window 对象提供了许多事件，这些事件允许开发者监测和响应浏览器窗口的各种状态变化以及用户与页面的交互。通过事件监听器，开发者可以在特定的事件发生时执行相应的 JavaScript 代码，从而实现更丰富和交互性的用户体验。常用的 window 事件有 load、unload、beforeunload、resize、scroll 等。

(1) load 事件：当页面和所有资源加载完成时触发，可以用于执行初始化任务。其语法如下：

```
window.addEventListener('load', function() {
        // 页面加载完成后执行的操作

});
```

(2) resize 事件：当浏览器窗口大小发生变化时触发，可以用于调整页面布局或执行其他与窗口大小相关的操作。其语法如下：

```
window.addEventListener('resize', function() {
        // 窗口大小变化时执行的操作

});
```

(3) scroll 事件：当用户滚动页面时触发，可以用于实现与滚动位置相关的效果。其语法如下：

```
window.addEventListener('scroll', function() {
        // 页面滚动时执行的操作

});
```

(4) unload 事件：在用户离开页面 (关闭窗口或导航到其他页面) 时触发，可以用于执行清理操作。其语法如下：

```
window.addEventListener('unload', function() {
        // 在页面离开时执行的操作

});
```

(5) beforeunload 事件：在用户离开页面之前触发，通常用于询问用户是否确定要离开页面。其语法如下：

```
window.addEventListener('beforeunload', function(event) {
        // 在页面关闭之前执行的操作
        // 一般用于提示用户保存未保存的数据
        event.returnValue = "确定离开页面吗？ ";

});
```

5.4.2　location 对象

location 对象用于获取和操作当前窗口的 URL 信息。通过 window.location(简写为 location) 可以访问这个对象。

1. location 对象的属性

location 对象包含许多属性，提供了有关当前 URL 的信息。location 对象的常用属性如表 5-4 所示。

表 5-4　location 对象的常用属性

序　号	属　性	属性值说明
1	location.href	获取或设置完整的 URL
2	location.protocol	获取 URL 的协议部分，例如 "http" 或 "https"
3	location.host	获取 URL 的主机部分，包括主机名和端口
4	location.hostname	获取 URL 的主机名部分
5	location.port	获取 URL 的端口部分
6	location.pathname	获取 URL 的路径部分
7	location.search	获取 URL 的查询字符串部分
8	location.hash	获取 URL 的哈希部分
9	location.origin	获取包含协议、主机和端口的 URL 的起源部分

示例 5-21　以 http://127.0.0.1:5501/Bom/bom.html?name=tom#data 为例，当在浏览器打开该网页时，loaction 对象的常用属性获取结果如下：

```
console.log(location.href)          //输出：http://127.0.0.1:5501/Bom/bom.
                                    //html?name=tom#data
console.log(location.protocol);     //输出：http:
console.log(location.host);         //输出：127.0.0.1:5501
console.log(location.hostname);     //输出：127.0.0.1
console.log(location.port);         //输出：5501
console.log(location.pathname);     //输出：Bom/bom.html?
console.log(location.search);       //输出：?name=tom
console.log(location.hash);         //输出：#data
console.log(location.origin);       //输出：http://127.0.0.1:5501
```

2. location 对象的方法

location 对象的常用方法如表 5-5 所示。

表 5-5　location 对象的常用方法

序　号	方　法	说　　明
1	assign(url)	将浏览器重新定向到指定的 URL。这是导航到新页面最常用的方法。例如： location.assign('https：//www.baidu.com/')；
2	replace(url)	用指定的 URL 替换当前页面的 URL，但不在浏览器历史记录中创建新条目。这样用户不能通过点击浏览器的后退按钮返回到前一个页面。例如： location.replace('https：//www.baidu.com/')；
3	reload(forceReload)	重新加载当前页面。如果 forceReload 参数为 true，则强制从服务器重新加载页面，否则可能从缓存中加载。例如： location.reload()；　　　　// 重新加载页面 location.reload(true)；// 强制从服务器重新加载页面

 5.4.3　navigator 对象

navigator 对象提供了有关浏览器的信息。通过 window.navigator(简写为 navigator) 可以访问这个对象。

navigator 对象包含一系列属性，用于获取浏览器的相关信息。其常用属性如表 5-6 所示。

表 5-6　navigator 对象的常用属性

序　号	属　性	属性值说明
1	navigator.userAgent	返回浏览器的用户代理字符串，该字符串标识了浏览器的名称、版本以及运行在操作系统上的一些信息
2	navigator.appName	返回浏览器的名称，通常是 "Netscape"
3	navigator.appVersion	返回浏览器的版本信息
4	navigator.platform	返回浏览器所在的操作系统平台
5	navigator.language	返回浏览器当前使用的语言
6	navigator.cookieEnabled	返回一个布尔值，表示浏览器是否启用了 cookie
7	navigator.onLine	返回一个布尔值，表示浏览器是否处于在线状态

示例 5-22　获取浏览器的一些相关信息，代码清单如下：

```html
<html>
<head>
    <title> 查看浏览器信息 </title>
</head>
<body>
```

```html
<script>
    console.log(navigator.userAgent);        //输出：Mozilla/5.0 …
    console.log(navigator.appName);          //输出：Netscape
    console.log(navigator.appVersion);       //输出：5.0 …
    console.log(navigator.platform);         //输出：Win32
    console.log(navigator.language);         //输出：zh-CN
    console.log(navigator.cookieEnabled);    //输出：true
    console.log(navigator.onLine);           //输出：true
</script>
</body>
</html>
```

在 Chrome 浏览器中运行，在控制台中输出，浏览器信息已注释在程序中。

 ### 5.4.4　history 对象

history 对象提供了浏览器窗口的历史会话记录，用户可以在历史记录中向前或向后导航。

history 对象的 length 属性表示历史记录中的页面数量。

history 对象的主要方法如表 5-7 所示。

表 5-7　history 对象的主要方法

序　号	方　法	说　　明
1	back()	用于模拟用户点击浏览器的后退按钮，导航到历史记录中的上一个页面。例如： history.back();
2	forward()	用于模拟用户点击浏览器的前进按钮，导航到历史记录中的下一个页面。例如： history.forward();
3	go()	允许用户在历史记录中移动特定数量的步骤。可以传递一个整数作为参数，正数表示向前导航，负数表示向后导航。例如： history.go(2);　// 向前导航两步 history.go(-1);　// 向后导航一步

5.5　基础练习

填空并上机验证答案。

1. 读程序填空。

```
<html>
<head>
    <title> 元素大小和位置 </title>
    <style>
        *{margin: 0; padding: 0;}
        #parent{position: relative; margin-top: 10px;}
        ul{list-style-type: none;}
        #myElement{width: 100px; height: 100px; border: 2px solid red; padding: 3px;
            position: absolute; top: 200px; left: 200px; overflow: visible;
        }
    </style>
</head>
<body>
    <div id="parent">
        <ul id="myElement" style="">
            <li>1</li>
            <li>2</li>
            <li>3</li>
            <li>4</li>
            <li>5</li>
            <li>6</li>
        </ul>
    </div>
</body>
 <script>
    let element = document.getElementById('myElement');
    let rect = element.getBoundingClientRect();
    console.log('Top: ', rect.top);              //输出：①_____
    console.log('Left: ', rect.left);            //输出：②_____
    console.log('Right: ', rect.right);          //输出：③_____
    console.log('Bottom: ', rect.bottom);        //输出：④_____
    console.log('Width: ', rect.width);          //输出：⑤_____
    console.log('Height: ', rect.height);        //输出：⑥_____
 </script>
</html>
```

2. 在题 1 的基础上，判断元素是否在窗口内。

```
if (_____) {
    console.log('元素在窗口内')
```

```
    } else {
        console.log('元素不在窗口内')
    }
```

3. 在题 1 的基础上，通过元素的属性获取元素在视口中的位置和大小信息。

```
console.log('Offset Width: ', element.offsetWidth);      //输出：① _____
console.log('Offset Height: ', element.offsetHeight);    //输出：② _____
console.log('Client Width: ', element.clientWidth);      //输出：③ _____
console.log('Client Height: ', element.clientHeight);    //输出：④ _____
console.log('Scroll Width: ', element.scrollWidth);      //输出：⑤ _____
console.log('Scroll Height: ', element.scrollHeight);    //输出：⑥ _____
console.log('Offset Top: ', element.offsetTop);          //输出：⑦ _____
console.log('Offset Left: ', element.offsetLeft);        //输出：⑧ _____
```

4. DOM 事件模型中，事件流分为捕获阶段、_____ 阶段和_____ 阶段。

5. event.stopPropagation() 的作用是阻止事件的_____。

6. event.preventDefault() 的作用是阻止事件的_____。

7. location.href 属性用于获取或设置当前文档的_____。

8. history.back() 方法的作用是在浏览器历史记录中后退一步，相当于点击浏览器的_____ 按钮。

9. 读程序填空。

```
function foo() {
    setTimeout(()=>{
        console.log(this.a)
    }, 100)
}
let a = 10;
foo.call({a: 20})
```

程序运行后，在控制台中输出：_____。

5.6 动手实践

实验 7 猜灯谜

1. 实验目的

熟练掌握 JavaScript 的基本编程基础知识、基本流程控制语句的应用，会通过 document.getElementById() 获取要操作文档模型的元素对象，会读取和修改对象的属性，会给元素对象添加事件。

2. 实验内容及要求

猜灯谜操作界面如图 5-10 所示。界面中部的信息显示区域显示灯谜，在界面下方的文本框中输入谜底后，单击"发送"按钮，文本框中的谜底发送到界面中部的信息显示区域，同时信息输入文本框的信息清空，等待下次输入的谜底，信息从上往下一条条显示。

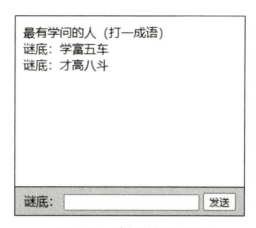

图 5-10　猜灯谜操作界面

3. 实验分析

1) 结构分析

此猜灯谜界面从上往下分成两个部分，上面是信息显示区域，下面是回答谜底操作区域。信息显示区域用 div 标签标识。回答谜底操作区域用 div 标签标识，该区域由文字标识"谜底："、文本框、"发送"按钮组成，其中"谜底："用 span 标签标识，文本框、"发送"按钮用 input 标签标识。

2) JavaScript 算法分析

当在界面下方的文本框中输入谜底后，单击"发送"按钮，文本框中的信息发送到界面的信息显示区域，同时文本框的信息清空。实现此功能的过程为：首先获取文字标识和输入的信息，读取文字标识"谜底："元素对象的 innerHTML 属性的值得到"谜底："，读取信息输入文本框元素对象的 value 属性值得到输入的信息；然后把这些信息赋值给显示区域的元素对象的 innerHTML 属性；最后把空字符串赋值给信息输入文本框的 value 属性。

算法步骤如下：

① 获取所要操作的元素对象。

② 给"发送"按钮添加 onclick 单击事件。

③ 在"发送"按钮的 onclick 事件处理程序中实现发送信息的功能。

4. 实验步骤

(1) 制作页面结构。

```
<body>
<h2>猜 灯 谜 </h2>
<div id="content"> 最有学问的人（打一成语 )</div>
<div id="footer">
        <span id="prompt"> 谜底：</span>
        <input type="text" id="answer" value=""/>
        <input type="button" id="btn" value="发送"/>
</div>
</body>
```

(2) 添加 CSS 样式。

① 设置信息显示区域样式。

```
#content{
        width: 280px;
        height: 300px;
        padding: 10px;
        border: solid 1px #000000;
}
```

② 设置聊天操作区域。

```
#footer{
        width: 300px;
        height: 36px;
        background: #CCC;
        border: solid 1px #000000;
        border-top: none;
        text-align: center;
        line-height: 36px;
}
```

(3) 添加 JavaScript 代码。

① 获取所要操作的元素对象。

```
let content=document.getElementById("content");      //信息显示区域的元素对象
let prompt=document.getElementById("prompt");        //谜底标识的元素对象
let answer=document.getElementById("answer");        //信息输入文本框的元素对象
let btn=document.getElementById("btn");              // "发送" 按钮的元素对象
```

② 给 "发送" 按钮添加单击事件。

```
btn.onclick=function(){};
```

③ 在 "发送" 按钮的 onclick 事件处理程序中实现发送信息的功能。

a. 读取信息输入文本框元素对象的 value 属性值并判断是否为空，如果为空，则返回。

```
if(answer.value ==''){
        alert('发送内容不能为空');
```

```
            return;
        }
```
b. 获取谜底标识和输入的信息，把这些信息赋值给信息显示区域的元素对象。
```
    content.innerHTML=content.innerHTML+"<br>"+prompt.innerHTML+answer.value;
```
c. 清空信息输入文本框。
```
    answer.value="";
```
至此完成所有代码书写，保存后，在浏览器中预览、测试。

(4) JavaScript 代码整体展示。

```
<script>
let content=document.getElementById("content");
let prompt=document.getElementById("prompt");
let answer=document.getElementById("answer");
let btn=document.getElementById("btn");
btn.onclick=function(){
    if(answer.value ==''){
        alert('发送内容不能为空');
        return;
    }
    content.innerHTML=content.innerHTML+"<br>"+prompt.innerHTML+answer. value;
    answer.value="";
};
</script>
```

5. 总结

本实验是通过不断刷新显示区域元素对象的 innerHTML 属性值来实现信息的连续显示的，一条条信息通过 </br> 标签实现显示功能。

6. 拓展

试用元素操作 API(createElement、appendChild、insertBefore 等方法) 来实现信息的显示。

实验 8　简易编辑器

1. 实验目的

熟练掌握 JavaScript 的编程基础知识、基本流程控制语句的应用，能通过 document.getElementById() 获取到要操作文档模型的元素对象，会修改对象的样式属性，能为元素对象添加事件。

2. 实验内容及要求

制作一个能设置字体、字号、颜色、加粗、斜体、加下画线的简单的网页文本编辑器，其操作界面如图 5-11 所示。当移动鼠标到 B、*I*、U 这些按钮上时，鼠标形状变成小手样，按钮的背景会更改成浅黄色，鼠标移出后，按钮恢复到最初状态；当单击 B 按钮时，编辑区的文本在加粗与不加粗之间切换；当单击 *I* 按钮时，编辑区的文本在斜体与正常体之间切换；当单击 U̲ 按钮时，编辑区的文本在加下画线与不加下画线之间切换。

图 5-11　网页文本编辑器

3. 实验分析

1) 结构分析

该编辑器由上、下两部分组成，上面是工具栏，下面是文本输入编辑区。整个编辑器用一个盒子 div 标签标识。上面的工具栏用一个盒子 div 标签标识，工具栏内的字体、字号、颜色选择器用 select 标签标识，字体加粗、斜体、加下画线用 input 按钮标签标识。下面的文本输入编辑区用 texterea 文本域标签标识。

2) JavaScript 算法分析

该实验要实现的功能是：把在工具栏上选择的字体、字号等设置在文本域中的文字上。在选择字体列表框中，当鼠标按键被松开时字体被选中，同时文本域中的文字字体设置成选中的字体。给字体列表框对象添加 onmouseup 事件，在该事件处理程序中读取字体列表框对象的 value 值，然后把该值赋给文本域的样式属性 fontFamily，实现字体的设置。

设置字号与设置字体事件一样，取得字号列表框对象的 value 值，然后把该值加上"px"单位后赋给文本域的样式属性 fontSize。

设置颜色与设置字体事件一样，取得颜色列表框对象的 value 值，然后把该值赋给文本域的样式属性 color。

当鼠标单击 B 按钮时，编辑区的文本在加粗与不加粗之间切换。先设置好加粗的样式 .textB{font-weight:bold;}，然后在单击事件处理程序中通过 classList.toggle('textB') 给文本编辑区元素设置样式。

当鼠标单击 *I* 按钮时，编辑区的文本在斜体与正常体之间切换。先设置好斜体的样式 .textI{font-style:italic;}，然后在单击事件处理程序中通过 classList.toggle('textI') 给文本编辑区元素设置样式。

当鼠标单击 U 按钮时，编辑区的文本在加下画线与不加下画线之间切换。先设置好加下画线的样式 .textU{text-decoration:underline;}，然后在单击事件处理程序中通过 classList.toggle('textU') 给文本编辑区元素设置样式。

当移动鼠标到字体加粗、斜体、加下画线这些按钮上时，鼠标形状变成小手样，按钮的背景会更改成浅黄色；鼠标移出后，按钮恢复到最初状态。通过 classList.toggle() 方法可以进行样式切换。先设置好按钮的样式 .overActive{cursor：pointer；background-color:#FFFF00;}，然后给按钮添加 onmouseover、onmouseout 事件，在事件处理程序中通过 classList.toggle('overActive') 设置按钮的样式。

算法步骤如下：

① 获取所要操作的元素对象。

② 给各选择框添加 onmouseup 事件，实现相应的功能。

③ 给各按钮添加 onclick 单击事件，实现相应的功能。

④ 给各按钮添加 onmouseover、onmouseout 事件，实现鼠标在按钮移入、移出的效果。

4. 实验步骤

(1) 制作页面结构。

```
<body>
<div id="all">
<div id="nav">
    <select id="font" >
            <option id="family1" value="宋体"> 宋体 </option>
            <option id="family2" value="新宋体"> 新宋体 </option>
            <option id="family3" value="黑体"> 黑体 </option>
            <option id="family4" value="楷体"> 楷体 </option>
            <option id="family5" value="微软雅黑"> 微软雅黑 </option>
            <option id="family6" value="Tahoma">Tahoma</option>
    </select>
    <select id="size" >
            <option id="size1" value="10">10px</option>
            <option id="size2" value="12">12px</option>
            <option id="size3" value="14">14px</option>
            <option id="size4" value="16">16px</option>
            <option id="size5" value="18">18px</option>
            <option id="size6" value="20">20px</option>
    </select>
    <input id="B" type="button"  value="B" />
    <input id="I" type="button"  value="I" />
    <input id="U" type="button"  value="U" />
    <select id="color">
```

```
                <option id="color0" value="black">black</option>
                <option id="color1" value="red">red</option>
                <option id="color2" value="orange">orange</option>
                <option id="color3" value="yellow">yellow</option>
                <option id="color4" value="green">green</option>
                <option id="color5" value="cyan">cyan</option>
            </select>
        </div>
        <textarea id="text" > 千里之行，始于足下 </textarea>
        </div>
        </body>
```

(2) 添加 CSS 样式。

① 清除默认样式。

```
    *{margin: 0; padding: 0;}
```

② 设置编辑器大盒子的样式。

```
    #all{width: 610px; margin: 10px auto;}
```

③ 设置工具栏的样式。

```
    #nav{
            width: 600px;
            padding: 5px;
            background-color: lavender;
    }
```

④ 设置工具栏中各工具的样式。

a. 设置工具的公共样式。

```
    select{height: 24px;}
    input{padding: 5px; background-color: lightblue;}
```

b. 设置字体选择项的样式。

```
    #family1{font-family: "宋体"; }
    #family2{font-family: "新宋体"; }
    #family3{font-family: "黑体"; }
    …
```

c. 设置字号选择项的样式。

```
    #size1{font-size: 10px;}
    #size2{font-size: 12px;}
    #size3{font-size: 14px;}
    …
```

d. 设置颜色选择项的样式。

```
    #color0{color: #FFF; background-color: black;}
    #color1{background-color: red;}
```

```
#color2{background-color: orange;}

…
```

e. 设置 B、*I*、U 按钮的样式。

```
#B{font-weight: bold;}

#I{font-style: italic;}

#U{text-decoration: underline;}
```

f. 设置鼠标移至 B、*I*、U 按钮的样式。

```
.overActive{

        cursor: pointer;

        background-color: #FFFF00;

}
```

⑤ 设置输入文本编辑区的样式。

```
#text{

        width: 600px;

        padding: 4px;

        height: 300px;

        font-family: "宋体";

        font-size: 10px;

        color: #000;

}

.textB{font-weight: bold;}

.textI{font-style: italic;}

.textU{text-decoration: underline;}
```

(3) 添加 JavaScript 代码。

① 获取所要操作的元素对象。

```
const fontSet = document.getElementById("font");          //获取字体列表框元素

const sizeSet = document.getElementById("size");          //获取字号列表框元素

const colorSet = document.getElementById("color");        //获取颜色列表框元素

const txt = document.getElementById("text");              //获取文本编辑区域元素

const BIU=document.getElementsByTagName('input');         //获取 B、I、U 按钮元素
```

② 给各选择框添加 onmouseup 事件，实现相应的功能。

a. 设置字体。

```
fontSet.onmouseup=function(){txt.style.fontFamily=fontSet.value;};
```

b. 设置字号。

```
sizeSet.onmouseup=function(){txt.style.fontSize=sizeSet.value+"px";};
```

c. 设置颜色。

```
colorSet.onmouseup=function(){txt.style.color=colorSet.value;};
```

③ 给各按钮添加 onclick 单击事件，实现相应的功能。

a. 设置粗体。

```
BIU[0].onclick=function(){txt.classList.toggle('textB')};
```

b. 设置斜体。

```
BIU[1].onclick=function(){ txt. classList.toggle('textI'); };
```

c. 设置下画线。

```
BIU[2].onclick=function(){ txt. classList.toggle('textU'); };
```

④ 给各按钮添加 onmouseover、onmouseout 事件，实现鼠标在按钮移入移出的效果。

```
BIU[0].onmouseover=function(){this.classList.toggle('overActive')};
BIU[0].onmouseout=function(){this.classList.toggle('overActive')};
BIU[1].onmouseover=function(){this.classList.toggle('overActive')}
BIU[1].onmouseout=function(){this.classList.toggle('overActive')};
BIU[2].onmouseover=function(){this.classList.toggle('overActive')};
BIU[2].onmouseout=function(){this.classList.toggle('overActive')};
```

至此完成所有代码书写，保存后，在浏览器中预览、测试。

(4) JavaScript 代码整体展示。

```
const fontSet = document.getElementById("font");
const sizeSet = document.getElementById("size");
const colorSet = document.getElementById("color");
const txt = document.getElementById("text");
const BIU=document.getElementsByTagName('input');
fontSet.onmouseup=function(){txt.style.fontFamily=fontSet.value;};
sizeSet.onmouseup=function(){txt.style.fontSize=sizeSet.value+"px";};
colorSet.onmouseup=function(){txt.style.color=colorSet.value;};
BIU[0].onclick=function(){txt.classList.toggle('textB')};
BIU[1].onclick=function(){txt.classList.toggle('textI');};
BIU[2].onclick=function(){txt.classList.toggle('textU');};
BIU[0].onmouseover=function(){this.classList.toggle('overActive')};
BIU[0].onmouseout=function(){this.classList.toggle('overActive')};
BIU[1].onmouseover=function(){this.classList.toggle('overActive')}
BIU[1].onmouseout=function(){this.classList.toggle('overActive')};
BIU[2].onmouseover=function(){this.classList.toggle('overActive')};
BIU[2].onmouseout=function(){this.classList.toggle('overActive')}; </script>
```

5. 总结

本实验创建了一个功能较全的文本编辑器界面，该编辑器允许用户选择字体、字号和颜色，并提供加粗、斜体和下画线样式的功能。通过使用 JavaScript 处理用户交互，实现了实时更新界面样式的效果。

6. 拓展

(1) 增加设置字体变大一个字号 A+ 和变小一个字号 A- 两个按钮，并实现其功能。

(2) 增加清除所设置的样式的按钮，并实现其功能。

第6章　数组对象

JavaScript 提供的数组对象可以满足开发者处理有序集合的需求。数组对象提供了一系列方法和属性，使得数组操作更加方便、高效。通过数组对象，开发者能够更方便地进行数组的创建、修改、遍历等操作。

6.1　数组概述

数组是一组数据的集合，数据用方括号括起来，各元素之间用逗号分隔。由于 JavaScript 的数据类型是弱类型，JavaScript 在同一个数组中可以存放多种类型的元素，每个元素可以为任何类型，当然，在实际使用数组时，尽量在数组中只存一种类型的数据。例如：

```
let arr=['apple', 6, 'car', 'yellow', null];
```

数组是引用类型，上面的语句定义了一个变量 arr，该变量指向一个数组，即是数组名，可以使用"数组名 [索引号]"的格式来访问每个数组元素，数组中第一个元素的索引号为 0，其后的每个元素的索引号依次递增 1，索引号也常称为下标。例如，访问数组 arr 的第二个元素，即 arr[1]。

每个数组都有一个长度 (length) 属性，表示该数组中元素的个数。数组的长度可以动态调整，可以随着数据增加或减少自动对数组长度做更改，也可以随时修改 length 值。上面定义的 arr 数组的 length 值是 5，数组最后一个元素的索引号为 length 属性值减 1。例如，访问数组 arr 的最后一个元素，即为 arr[length-1]，通过 for 循环和 length 属性，可以遍历数组的每个元素。

示例 6-1　代码清单：

```
let arr=['apple', 6, 'car', 'yellow', null];
for(let i=0; i<arr.length; i++){
        console.log(arr[i]);
}
```

JavaScript 中提供数组 Array 内置对象，可以通过 Array 的构造函数创建数组，Array 对象提供了多种操作数组方法，通过调用方法，可方便地对数组元素进行添加、删除、查询、排序等操作。

6.2　数组对象的创建

数组对象的创建有 3 种方法：使用 Array 的构造函数创建数组对象、使用 Array 的静态方法创建数组对象和使用数组的字面量创建数组对象。

 ## 6.2.1　使用 Array 的构造函数创建数组对象

使用 Array 的构造函数创建数组对象最常见的 3 种方式如下：

第一种方式：创建一个长度为 0 的数组，可以动态为这个数组增加新的元素，数组长度也跟着自动更改，增加元素的方式就是给元素赋值。

语法：

```
new Array()
```

示例 6-2　代码清单如下：

```
const arr1=new Array()
arr1[0]='apple';
arr1[1]=6;
console.log(arr1);          //输出：['apple', 6]
console.log(arr1.length);   //输出：2
```

第二种方式：创建一个指定长度为 n 的数组，然后给元素赋值。

语法：

```
new Array(n)
```

示例 6-3　代码清单如下：

```
const arr2=new Array(3)
arr2[0]='apple';
arr2[1]=6;
console.log(arr2);          //输出：['apple', 6]
console.log(arr2.length);   //输出：3
```

第三种方式：新创建一个指定长度的数组，并赋值。

语法：

```
new Array( 元素 1, 元素 2, 元素 3, …);
```

示例 6-4　代码清单如下：

```
const arr3=new Array('a', 'b', 'c')
console.log(arr3);          //输出：['a', 'b', 'c']
console.log(arr3.length);   //输出：3
```

6.2.2　使用 Array 的静态方法创建数组对象

(1) Array.from() 方法。该方法创建一个新的数组，该数组包含从 iterable 中提取的元素。参数 iterable 可以是类似数组的对象 (如字符串、类数组对象) 或可迭代对象 (如 Set、Map 等，后续章节讲述)。

语法：

　　Array.from(iterable)

示例 6-5　代码清单如下：

```
const str = 'Hello';
const arrayFromStr = Array.from(str);
console.log(arrayFromStr);              //输出：['H', 'e', 'l', 'l', 'o']
console.log(arrayFromStr.length);       //输出：5
const set = new Set([1, 2, 3]);         //创建 set 对象
const arrayFromSet = Array.from(set);
console.log(arrayFromSet);              //输出：[1, 2, 3]
console.log(arrayFromSet.length);       //输出：3
```

(2) Array.of() 方法。该方法创建一个新的数组，该数组包含传递给该方法的所有参数，参数可以是任意数量、任意类型的数据。

语法：

　　Array.of(element0, element1, …, elementN)

示例 6-6　代码清单如下：

```
const arr1 = Array.of(1, 2, 3, 4, 5);
console.log(arr1);              //输出：[1, 2, 3, 4, 5]
console.log(arr1.length);       //输出：5
const arr2 = Array.of('a', 'b', 'c');
console.log(arr2);              //输出：['a', 'b', 'c']
console.log(arr2.length);       //输出：3
const arr3 = Array.of(1, 'two', { three: 3 });
console.log(arr3);              //输出：[1, 'two', { three: 3 }]
console.log(arr3.length);       //输出：3
```

6.2.3　使用数组的字面量创建数组对象

示例 6-7　代码清单如下：

```
const arr=['HTML', 'CSS', 'JavaScript'];
console.log(arr);              //输出：['HTML', 'CSS', 'JavaScript']
console.log(arr.length);       //输出：3
```

6.3　数组对象的方法

JavaScript 数组提供了许多方法，能够对数组进行各种操作，无论是查找、遍历、过滤、排序、连接、复制还是修改。根据具体的需求，可以选择适当的方法来处理数组数据。

1. 数组元素的增加、删除与修改

（1）unshift()：从数组头部添加元素。unshift() 方法用于从数组头部添加元素，将参数添加到原数组开头，并返回添加元素后数组的长度。

语法：

```
array.unshift(element1, element2, …, elementN)
```

语法参数说明：

array：调用 unshift () 方法的数组。

element1，element2，…，elementN：要添加到数组开头的元素，可以是一个或多个。

示例 6-8　代码清单如下：

```
const arr = ["早上好", "下午好", "晚上好"];
const count = arr.unshift("您好", "请多指教"); //从数组头部添加元素，并返回数组的长度
console.log(count);    //输出：5
console.log(arr);      //输出：["您好", "请多指教", "早上好", "下午好", "晚上好"]
```

（2）push() 从数组尾部添加元素。push() 方法用于从数组尾部添加元素，可以接收任意数量的参数，把它们逐个添加到数组末尾，并返回添加元素后数组的长度。

语法：

```
array.push(element1, element2, …, elementN)
```

语法参数说明：

array：调用 push () 方法的数组。

element1, element2, …, elementN：要添加到数组末尾的元素，可以是一个或多个。

示例 6-9　代码清单如下：

```
const arr = ["对不起", "请原谅", "很抱歉"];
const count = arr.push("请稍等", "请多包涵"); //从数组尾部添加元素，返回数组的长度
console.log(count);    //输出：5
console.log(arr);      //输出：[ "对不起", "请原谅", "很抱歉", "请稍等", "请多包涵"]
```

（3）shift()：从数组头部删除元素。shift() 方法用于从数组头部删除原数组第一项，减少数组的 length 值，并返回删除元素的值，如果数组为空，则返回 undefined。

语法：

```
array.shift()
```

示例 6-10　代码清单如下：

```
const arr = ["apple", "pear", "banana"];
```

```
const count = arr.shift();        //从数组头部删除第一个元素，返回被删除的元素
console.log(count);               //输出：apple
console.log(arr);                 //输出：['pear', 'banana']
```

(4) pop()：从数组尾部删除元素。pop() 方法用于从数组尾部删除数组末尾最后一项，减少数组的 length 值，并返回删除元素的值。如果数组为空，则返回 undefined。

语法：

```
array.pop()
```

示例 6-11 代码清单如下：

```
const arr = ["apple", "pear", "banana"];
const count = arr.pop();   //从数组尾部删除最后一个元素，并返回被删除的元素
console.log(count);        //输出：banana
console.log(arr);          //输出：['apple', 'pear']
```

unshift()、shift() 方法和 push()、pop() 方法正好头尾对应，unshift()、shift() 操作数组的开头，对应 push()、pop() 操作数组的结尾。

(5) splice()：修改（插入、删除）数组的元素。splice() 方法修改元素执行过程是先删除要修改的元素，然后插入新的元素。需要指定 3 个参数 splice(开始，长度，元素…)：第一个参数，要修改元素起始位置；第二个参数，要修改（删除）元素的个数；第三个参数，任意数量新插入的元素，插入的个数不一定要与删除的个数相等。splice() 方法会返回一个数组，该数组中包含从原始数组中删除的项。如果没有删除任何项，则返回一个空数组。

示例 6-12 代码清单如下：

```
let arr=[0, 1, 2, 10, 12];
let marr=arr.splice (1, 2, 2, 4, 6, 8); //从位置 1 起先删除 2 项，再插入 4 项
console.log(arr);     //输出：[0, 2, 4, 6, 8, 10, 12] 元素 1 和 2 被删除，插入 2、4、6、8
                      //这四个元素
console.log(marr);    //输出：[1, 2] 是返回的数组，元素为原始数组中删除的项
```

arr.splice (1，2，2，4，6，8) 是删除当前数组位置 1 起的两个元素 1 和 2，然后从位置 1 开始插入 2、4、6、8。

splice() 方法除了实现替换元素外，还可以实现删除、插入元素。

① splice() 方法插入元素。splice() 方法可以向指定位置插入任意数量的项，需提供 3 个参数：第一个参数，插入点位置；第二个参数，0(删除 0 个数组元素)；第三个参数，任意数量新插入的元素。

示例 6-13 代码清单如下：

```
let arr=[0, 1, 2, 10, 12];
let marr=arr.splice(3, 0, 4, 6);    //没有删除项，但插入了 2 项
console.log(arr);                   //输出：[0, 1, 2, 4, 6, 10, 12] ( 在第 3 个位置插入 4
                                    //和 6 这两个元素 )
console.log(marr);                  //输出：[ ] ( 没有删除任何项，返回一个空数组 )
```

② splice() 方法删除元素。splice() 方法可以删除任意数量的元素，只需指定 2 个参

数：第一个参数，要删除的第一个元素的位置；第二个参数，要删除元素的个数。

示例 6-14　代码清单如下：

```
let arr=[0, 1, 2, 10, 12];
let marr=arr.splice (2, 2);  //从位置2起删除2项
console.log(arr);           //输出：[0, 1, 12]（删除了数组中从位置2开始的两个元
                            //素2和10)
console.log(marr);          //输出：[2, 10]（返回的数组, 元素为原始数组中删除的项）
```

2. 数组元素的填充和复制

(1) fill()：填充数组。fill() 方法用于将数组中的全部或部分元素用一个固定值填充，返回经过填充操作后的数组，原数组会被修改。

语法：

```
array.fill(value, start, end)
```

语法参数说明：

array：调用 fill() 方法的数组。

value：必选参数，表示要用来填充的固定值。

start：可选参数，表示填充的起始位置的索引，包含该位置的元素。如果省略，从数组的开头开始填充。

end：可选参数，表示填充的结束位置的索引，不包含该位置的元素。如果省略，填充到数组的末尾。

示例 6-15　代码清单如下：

```
const numbers = [1, 2, 3, 4, 5];
numbers.fill(0, 1, 4);     //将数组的索引1到3的元素填充为0, 实现了部分元素的替换
console.log(numbers); //输出：[1, 0, 0, 0, 5]
const emptyArray = new Array(4).fill('OK');   //创建长度为4的数组, 将所有元素
                                              //填充为 'ok'
console.log(emptyArray); //输出：[ 'OK', 'OK', 'OK', 'OK' ]
```

(2) copyWithin()：数组元素复制。copyWithin() 方法用于将数组中的一部分元素复制到数组的指定位置，返回经过复制操作后的数组，原数组会被修改。

语法：

```
array.copyWithin(target, start, end)
```

语法参数说明：

array：调用 copyWithin() 方法的数组。

target：必选参数，表示复制的目标位置的索引，即将复制的元素放置在该位置。

start：可选参数，表示复制的起始位置的索引，包含该位置的元素。如果省略，从数组的开头开始复制。

end：可选参数，表示复制的结束位置的索引，不包含该位置的元素。如果省略，复制到数组的末尾。

示例 6-16　代码清单如下：

```
const numbers = [1, 2, 3, 4, 5];
numbers.copyWithin(2, 0, 2);        //前两个元素复制到索引 2 开始的位置
console.log(numbers);               //输出：[1, 2, 1, 2, 5]
numbers.copyWithin(0, 3);           //后两个元素复制到数组的开头
console.log(numbers);               //输出：[2, 5, 1, 2, 5]
```

3. 数组的拼接、截取

(1) concat()：合并数组。concat() 方法用于合并两个或多个数组，并返回一个新数组，新数组包含了所有合并的元素，原数组不会被修改。

语法：

```
array.concat(array1, array2, …, arrayN)
```

语法参数说明：

array：调用 concat() 方法的数组。

array1，array2，…，arrayN：可选参数，表示要合并到原数组的一个或多个数组或元素。

示例 6-17　代码清单如下：

```
const arr1 = [1, 2, 3];
const arr2 = [4, 5];
const arr3 = [6, 7, 8];
const result = arr1.concat(arr2, arr3);
console.log(result);    //输出：[1, 2, 3, 4, 5, 6, 7, 8] ( 返回合并后的新数组 )
console.log(arr1);      //输出：[1, 2, 3] ( 原数组未被修改 )
```

在示例 6-17 中，concat() 方法将 arr1、arr2 和 arr3 这三个数组合并到一个新数组 result 中，新数组包含了所有元素，不修改原数组。

(2) slice()：提取数组中的部分元素。slice() 方法用于从数组中提取一部分元素，然后返回这些元素组成的新数组，而不影响原数组。

语法：

```
array.slice(begin, end)
```

语法参数说明：

array：调用 slice() 方法的数组。

begin：可选参数，表示提取的起始位置的索引，包含该位置的元素。如果省略，从数组的开头开始提取。如果为负数，从数组的末尾开始计算索引。

end：可选参数，表示提取的结束位置的索引，不包含该位置的元素。如果省略，提取到数组的末尾。如果为负数，从数组的末尾开始计算索引。

示例 6-18　代码清单如下：

```
const chengYu = ['锲而不舍', '鹏程万里', '锦上添花', '画龙点睛', '海阔天空'];
const result1 = chengYu.slice(1, 4);
console.log(result1);    //输出：['鹏程万里', '锦上添花', '画龙点睛']
const result2 = chengYu.slice(2);
console.log(result2);    //输出：['锦上添花', '画龙点睛', '海阔天空']
```

```
const result3 = chengYu.slice(-3, -1);
console.log(result3);      //输出：['锦上添花', '画龙点睛']
console.log(chengYu);      //输出：['锲而不舍', '鹏程万里', '锦上添花', '画龙点睛',
                           //'海阔天空'];
```

4. 查找元素的索引和查找元素

(1) indexOf() 查找元素第一次出现的索引。indexOf() 方法用于查找数组中第一次出现指定元素的索引。如果找到元素，则返回它在数组中的索引，否则返回 -1。

语法：

```
array.indexOf(searchElement, fromIndex)
```

语法参数说明：

array：调用 indexOf() 方法的数组。

searchElement：要查找的元素。

fromIndex(可选)：指定查找的起始位置，是一个整数值。如果省略该参数，则默认位置为 0。查找是从查找的起始位置开始向数组的后面遍历。

示例 6-19　代码清单如下：

```
const arr = [10, 20, 30, 40, 50, 60, 70, 50, 60];
console.log(arr.indexOf(50));      //输出：4（第一个匹配的 50 在数组的索引 4 处）
console.log(arr.indexOf(50, 5));   //输出：7（起始位置是 5, 第一个匹配在数组的索引 7 处）
console.log(arr.indexOf("5"));     //输出：-1（表示未找到匹配）
```

(2) lastIndexOf()：查找元素最后一次出现的索引。lastIndexOf() 方法用于查找数组中指定元素的最后一次出现的位置 (索引)。如果找到元素，则返回它在数组中的索引，否则返回 -1。

语法：

```
array.lastIndexOf(searchElement, fromIndex)
```

语法参数说明：

array：调用 lastIndexOf() 方法的数组。

searchElement：要查找的元素。

fromIndex(可选)：起始查找的位置，是一个负整数值，从数组末尾倒数，如果省略该参数，则默认位置为最末位置。查找是从查找的起始位置开始向数组的前面遍历。

示例 6-20　代码清单如下：

```
const arr = [10, 20, 30, 40, 50, 60, 70, 50, 60];
console.log(arr.lastIndexOf(50, -3));   //输出：4（从数组倒数第 3 个元素开始向数
                                        //组前面查找）
console.log(arr.lastIndexOf(50));       //输出：7
console.log(arr.indexOf("5"));          //输出：-1（表示未找到匹配）
```

(3) findIndex()：查找满足条件的元素的索引。findIndex() 方法用于返回满足测试函数条件的第一个元素的索引，如果没有找到匹配的元素，则返回 -1。

语法：

```
array.findIndex(callback(element))
```

语法参数说明：

array：调用 findIndex() 方法的数组。

callback：是一个测试函数，接收的 element 参数是当前数组元素的值。

示例 6-21　代码清单如下：

```
const numbers = [10, 20, 30, 40, 50];
const index1 = numbers.findIndex(element => element > 25);
console.log(index1);      //输出：2（第一个满足条件 (30>25) 的元素 30, 它的索引是 2）
const index2 = numbers.findIndex(element => element > 60);
console.log(index2);      //输出：−1（没有满足条件的元素 , 返回 −1）
```

在示例 6-21 中，第一个 findIndex() 调用查找到了第一个大于 25 的元素的索引，而第二个 findIndex() 调用查找大于 60 的元素，但找不到满足条件的元素，因此返回 -1。

(4) find()：查找满足条件的第一个元素。find() 方法用于查找数组中满足指定条件的第一个元素，并返回该元素的值。该方法返回第一个通过测试函数 (callback 函数) 的元素值，如果没有找到匹配的元素，则返回 undefined。

语法：

```
array.find(callback(element))
```

语法参数说明：

array：调用 find () 方法的数组。

callback：是一个测试函数，接收的 element 参数是当前数组元素的值。

示例 6-22　代码清单如下：

```
const numbers = [10, 20, 30, 40, 50];
const result1 = numbers.find(element => element > 25);
console.log(result1);      //输出：30（第一个满足条件的元素 )
const result2 = numbers.find(element => element > 60);
console.log(result2);      //输出：undefined（ 没有满足条件的元素 )
```

在示例 6-22 中，第一个 find() 调用查找到了第一个大于 25 的元素，而第二个 find() 调用查找大于 60 的元素，但找不到满足条件的元素，因此返回 undefined。

5. 数组的迭代

(1) forEach()：遍历数组。forEach() 方法用于遍历数组的每个元素，然后对每个元素执行指定的回调函数。它没有返回值，而是用于执行操作或副作用。

语法：

```
array.forEach(callback(currentValue, index, array))
```

语法参数说明：

array：要遍历的数组。

callback：必选参数，是一个回调函数，用于对数组中的每个元素执行操作。

回调函数中的参数说明：

currentValue：必选参数，表示当前被处理的数组元素。

index：可选参数，表示当前被处理的数组元素的索引。

array：可选参数，表示被遍历的数组。

示例 6-23　代码清单如下：

```javascript
const numbers = [1, 2, 3];
let sum=0
numbers.forEach((value, index) => {
 console.log(`${index}: ${value}`);
  sum=sum+value
});
console.log(sum);
console.log(numbers);  //输出：[ 1, 2, 3 ]（原数组不变）
```

程序运行后，在控制台中输出：

```
0: 1
1: 2
2: 3
6
[ 1, 2, 3 ]
```

在示例 6-23 中，forEach() 方法遍历了一个包含数字的数组，对每个元素执行回调函数并输出信息，演示了如何在回调函数中使用当前元素索引和元素本身。

forEach() 方法没有返回值，仅仅是遍历数组中的每一项，不对原来数组进行修改，但是可以通过数组的索引来修改原来的数组。

示例 6-24　代码清单如下：

```javascript
const numbers = [1, 2, 3, 4, 5];
numbers.forEach((value, index, array) => {
      array[index]=value*10;
});
console.log(numbers); //输出：[10, 20, 30, 40, 50]
```

示例 6-24 中在回调函数中修改了数组元素的值，演示了如何在回调函数中使用索引和数组本身。

(2) map()：将数组的每个元素映射到一个新的值。map() 方法用于创建一个新数组，其中的元素是根据原数组中的元素执行指定函数操作后得到的结果。它不会修改原数组，而是返回一个新数组。

语法：

```javascript
array.map(callback(currentValue, index, array))
```

语法参数说明：

array：调用 map() 方法的数组。

callback：必选参数，是一个回调函数，用于对数组中的每个元素执行操作。

回调函数中的参数说明：

currentValue：必选参数，表示当前被处理的数组元素。

index：可选参数，表示当前被处理的数组元素的索引。

array：可选参数，表示被操作的数组。

示例 6-25 代码清单如下：

```
const numbers = [1, 2, 3, 4, 5];
const doubledNumbers = numbers.map(function(value){
    return value * 2
} );
console.log(doubledNumbers); //输出：[2, 4, 6, 8, 10]
```

在示例 6-25 中，使用 map() 方法创建了一个新数组，其中包含了原数组中每个元素的两倍。

(3) filter()：过滤数组。filter() 方法实现"过滤"功能，用指定的函数判断数组中的项是否满足过滤条件，满足条件的元素构建成一个新数组，并返回这个新数组，而原数组不变。filter() 方法是一种强大的工具，用于根据指定条件从数组中提取所需的元素。

语法：

```
array.filter(callback(currentValue, index, array))
```

语法参数说明：

array：要过滤的数组。

callback：必选参数，是一个回调函数，用于定义过滤条件。

回调函数中的参数说明：

currentValue：必选参数，表示当前被处理的数组元素。

index：可选参数，表示当前被处理的数组元素的索引。

array：可选参数，表示被过滤的数组。

示例 6-26 代码清单如下：

```
let arr = [1, 2, 3, 4, 5, 6, 7, 8, 9, 10];
let arr2 = arr.filter(function(x, index) {
return x % 2 === 0;
});
console.log(arr2);    //输出：[ 2, 4, 6, 8, 10 ]
console.log(arr);     //输出：[1, 2, 3, 4, 5, 6, 7, 8, 9, 10] (filter() 方法不改变原数组 )
```

在示例 6-26 中，使用 filter() 方法创建了一个新数组，其中包含了原数组中的所有偶数。

6. 数组的检查与判断

(1) includes()：检查数组是否包含指定元素。includes() 方法用于检查数组中是否包含特定元素。它返回布尔值，表示是否包含该元素。

语法：

```
array.includes(searchElement，fromIndex)
```

语法参数说明：

array：要检查的数组。

searchElement：必选参数，表示要查找的元素。

fromIndex：可选参数，表示开始查找的位置。如果省略，将从数组的开头开始查找。

示例 6-27   代码清单如下：

```
const numbers = [1, 2, 3, 4, 5];
const hasThree = numbers.includes(3);
console.log(hasThree);              //输出：true
const chengYu = ['锲而不舍', '卧薪尝胆', '破釜沉舟'];
const hasB = chengYu.includes('半途而废');
console.log(hasB);                  //输出：false
```

在示例 6-27 中，第一个 includes() 方法检查数组中是否包含数字 3，由于数组中有 3 这个元素，因此返回 true。第二个 includes() 方法检查数组中是否包含字符串 '半途而废'，由于数组中没有该元素，因此返回 false。includes() 方法非常适用于快速检查数组中是否包含特定元素。

(2) every()：检查是否所有元素满足条件。every() 方法是用指定的函数判断数组中所有元素是否满足条件，只有当所有元素都满足条件时，才会返回 true，否则返回 false。

语法：

```
array.every(callback(currentValue, index, array))
```

语法参数说明：

array：要检查的数组。

callback：必选参数，是一个回调函数，用于定义检查条件。

回调函数中的参数说明：

currentValue：必选参数，表示当前被处理的数组元素。

index：可选参数，表示当前被处理的数组元素的索引。

array：可选参数，表示被操作的数组。

示例 6-28   代码清单如下：

```
let arr = [1, 2, 3, 4, 5, 6, 7];
let arr1= arr.every(function(x){return x<10;});
console.log(arr1);    //输出：true  (arr 数组中所有元素的值都 <10)
let arr2 = arr.every(function(x){return x < 5;});
console.log(arr2);    //输出：false  (arr 数组中有大于 5 的元素 )
```

(3) some()：检查数组中是否至少有一个元素满足条件。some() 方法是用指定的函数判断数组中是否存在满足条件的元素，只要有一个元素满足条件，就会返回 true，否则返回 false。

语法：

```
array.some(callback(currentValue, index, array))
```

语法参数说明：

array：要检查的数组。

callback：必选参数，是一个回调函数，用于定义检查条件。

回调函数中的参数说明：

currentValue：必选参数，表示当前被处理的数组元素。

index：可选参数，表示当前被处理的数组元素的索引。

array：可选参数，表示被操作的数组。

示例 6-29　代码清单如下：

```
let arr = [1, 2, 3, 4, 5, 6, 7];
let arr1 = arr.some(function(x){return x<3;});
console.log(arr1);      //输出：true（arr 数组中有 <3 的元素）
let arr2 = arr.some(function(x){return x>10;});
console.log(arr2);      //输出：false（arr 数组中没有 >10 的元素）
```

(4) Array.isArray()：检查一个值是否为数组。Array.isArray() 方法是 Array 的一个静态方法，用于检查一个值是否为数组，返回一个布尔值。如果给定的值是数组，则返回 true，否则返回 false。

语法：

```
Array.isArray(value)
```

参数 value 的作用是检查是否为数组的值。

示例 6-30　代码清单如下：

```
const numbers = [1, 2, 3, 4, 5];
const str = 'Hello, World';
const isNumbersArray = Array.isArray(numbers);
console.log(isNumbersArray);     //输出：true (numbers 是数组)
const isStrArray = Array.isArray(str);
console.log(isStrArray);          //输出：false (str 不是数组)
```

7. 数组元素的排序与反转排列

(1) sort()：排序方法。sort() 方法按升序排列数组的元素。sort() 方法在排序时，会将每个元素转成字符串，然后比较字符串来确定排序，即使数组中的每一项都是数值类型数据，sort() 方法排序比较的也是字符串。

示例 6-31　代码清单如下：

```
let arr1 = ["a", "c" , "d", "b"];
console.log(arr1.sort()); //输出：["a", "b", "c", "d"] 从小到大排序，返回排序后的数组
arr2 = [5, 34, 12, 23];
console.log(arr2.sort()); //输出：[12, 23, 34, 5]（转换成字符串比较）
console.log(arr2);        //输出：[12, 23, 34, 5]（原数组中元素的位置被改变）
```

为了解决上述按比较字符串排序的问题，sort() 方法可以接收一个比较函数作为参数，以便我们指定哪个值位于哪个值的前面。比较函数接收两个参数，如果第一个参数应该位于第二个参数之前，则返回一个负数；如果两个参数相等，则返回 0；如果第一个参数应该位于第二个参数之后，则返回一个正数。以下就是一个简单的比较函数：

```
function compare(value1, value2) {
if(value1<value2){
    return -1;
```

```
    }else if(value1>value2){
        return 1;
    }else{
        return 0;
        }
    }
arr3 = [5, 34, 12, 23];
console.log(arr3.sort(compare));  //[5, 12, 23, 34 ] 从小到大排序，返回排序后的数组
console.log(arr3); //[5, 12, 23, 34 ]( 原数组元素的位置被改变，也按照从小到大排序了 )
```

如果需要通过比较函数产生降序排序的结果，只要交换比较函数返回的值即可。

```
function compare(value1, value2) {
if(value1<value2){
        return 1;
    }else if(value1>value2){
        return -1;
    }else{
        return 0;
        }
    }
console.log(arr3.sort(compare));  //[34, 23, 12, 5] 从大到小排序，返回排序后的数组
console.log(arr3);   // [34, 23, 12, 5] ( 原数组元素的位置被改变，也按照从大到小排序了 )
```

如果需要通过比较函数产生随机排序的结果，只要比较函数返回的值为随机数即可。

```
function compare(value1, value2) {
        return Math.random() - 0.5;  //Math.random() 方法产生 0~1 之间的随机数
    }
let arr4 = [ 1, 2, 3, 4, 5, 6, 7, 8 ];
console.log(arr4.sort(compare));      //数组及元素随机排序
console.log(arr4);
```

sort() 方法排序是操作原数组的，原数组元素的位置被改变。

(2) reverse()：反转 (逆向) 方法。reverse() 方法用于反转数组元素项的顺序。

示例 6-32　代码清单如下：

```
arr = [5, 34, 12, 23];
console.log(arr. reverse ());   //输出：[23, 12, 34, 5] ( 返回元素位置逆向排列的数组 )
console.log(arr);           //输出：[23, 12, 34, 5] ( 原数组元素的位置被逆向排列了 )
```

程序输出结果及解释已备注在注释中。reverse() 方法排序是操作原数组的，原数组元素的位置被改变。

8. 数组的归并操作

数组的归并操作有以下两种：

(1) reduce()：将数组的元素进行累积计算。reduce() 方法是从数组的第一个元素开始，按照指定的函数将元素逐个累积计算，并返回最终累积的结果。

语法：

array.reduce(callback(accumulator, currentValue, index, array), initialValue)

语法参数说明：

array：要操作的数组。

initialValue：可选参数，如果提供，将作为累积计算的初始值。

callback：必选参数，是一个回调函数，用于定义累积计算的规则。

回调函数中的参数说明：

accumulator：必选参数，表示累积计算的结果，它在每次调用回调函数时都会更新。

currentValue：必选参数，表示当前被处理的数组元素。

index：可选参数，表示当前被处理的数组元素的索引。

array：可选参数，表示被操作的数组。

示例 6-33　代码清单如下：

```
const numbers = [10, 20, 30, 40, 50];
const sum = numbers.reduce(function(accumulator, currentValue, index, array) {
    console.log(`当前计算结果：${accumulator}，当前索引：${index}，当前元素：${currentValue}`);
    return accumulator + currentValue
    }, 0)
console.log(sum);        //输出：150
```

程序运行后，在控制台中输出：

```
当前计算结果：0, 当前索引：0, 当前元素：10
当前计算结果：10, 当前索引：1, 当前元素：20
当前计算结果：30, 当前索引：2, 当前元素：30
当前计算结果：60, 当前索引：3, 当前元素：40
当前计算结果：100, 当前索引：4, 当前元素：50
150
```

(2) reduceRight()：将数组的元素进行累积计算。reduceRight() 方法是从数组的最后一个元素开始，按照指定的函数将元素逐个累积计算，并返回最终累积结果。

语法：

array.reduceRight(callback(accumulator, currentValue, index, array), initialValue)

reduce() 和 reduceRight() 方法的主要区别在于迭代的顺序。reduce() 是从左到右迭代，而 reduceRight() 是从右到左迭代。

示例 6-34　代码清单如下：

```
const numbers = [10, 20, 30, 50, 40];
const result = numbers.reduceRight((accumulator, currentValue, index, array) => {
    console.log(`当前计算结果：${accumulator}，当前索引：${index}，当前元素：${currentValue}`);
```

```
        return Math.max(accumulator, currentValue)
    }, 0);
    console.log(result);        //输出：50
```
程序运行后，在控制台中输出：

当前计算结果：0, 当前索引：4, 当前元素：40

当前计算结果：40, 当前索引：3, 当前元素：50

当前计算结果：50, 当前索引：2, 当前元素：30

当前计算结果：50, 当前索引：1, 当前元素：20

当前计算结果：50, 当前索引：0, 当前元素：10

50

9. 数组的字符串表示

数组的字符串表示有以下两种：

(1) toString()：将数组转换为逗号分隔的字符串。toString() 方法用于将取出数组中的每个元素以逗号分隔来构建一个字符串，将该字符串返回。

示例 6-35　代码清单如下：

```
let arr = [1, 2, 3, 4, 5];
console.log(arr.toString());        //输出：1, 2, 3, 4, 5 ( 字符串 )
console.log(arr);                   //输出：[1, 2, 3, 4, 5] ( 原数组不变 )
```

(2) join()：使用指定的分隔符将数组元素连接成一个字符串。join() 方法用于将数组的元素连接成一个字符串，元素之间通过指定的分隔符进行分隔。该方法只接收一个参数，即分隔符，省略参数则默认用逗号为分隔符。

示例 6-36　代码清单如下：

```
let arr = [1, 2, 3, 4, 5];
console.log(arr.join());            //输出：1, 2, 3, 4, 5
console.log(arr.join("-"));         //输出：1-2-3-4-5
console.log(arr.join("*"));         //输出：1*2*3*4*5
console.log(arr);                   //输出：[1, 2, 3, 4, 5] ( 原数组不变 )
```

6.4　多维数组

多维数组也被称为嵌套数组。它是一个数组中包含其他数组作为元素的数据结构。通过在数组中嵌套其他数组，可以创建多维数组。可以使用方括号语法来访问多维数组中的元素。以二维数组为例：第一个索引表示外层数组的索引，第二个索引表示内层数组的索引。

示例 6-37　代码清单如下：

```
const mArray = [[1, 2, 3], [4, 5, 6], [7, 8, 9]];
```

```
console.log(mArray[0][0]);    //输出：1
console.log(mArray[1][2]);    //输出：6
console.log(mArray[2][1]);    //输出：8
```

6.5　基础练习

填空并上机验证答案。

1. 程序代码如下：

```
let arr = ["apple", "plum", "banana"];
console.log(arr.unshift("orange", "lemon"));            //输出：① _____
console.log(arr.push("pear", "mango"));                 //输出：② _____
console.log(arr.pop());                                 //输出：③ _____
console.log(arr.shift());                               //输出：④ _____
console.log(arr.splice (2, 2, "cherry", "fig"));        //输出：⑤ _____
console.log(arr.splice(3, 0, "tangerine", "watermelon"));
                                                        //输出：⑥ _____
console.log(arr.splice (2, 2));                         //输出：⑦ _____
console.log(arr);                                       //输出：⑧ _____
```

2. 程序代码如下：

```
let arr=["lemon", "apple", "watermelon", "fig", "pear"];
console.log(arr.sort());                                //输出：① _____
console.log(arr.concat("plum", "banana"));              //输出：② _____
console.log(arr);                                       //输出：③ _____
console.log(arr.slice(2, 4));                           //输出：④ _____
console.log(arr);                                       //输出：⑤ _____
console.log(arr.join("-"));                             //输出：⑥ _____
console.log(arr.indexOf("lemon"));                      //输出：⑦ _____
console.log(arr.indexOf("lemon", 3));                   //结果：⑧ _____
```

3. 程序代码如下：

```
let fruits =["Banana", "Orange", "Apple", "Mango", "Kiwi", "Papaya"];
fruits.copyWithin(2, 0, 2);
console.log(fruits);            //输出：_____
```

4. 程序代码如下：

```
const fruits = ['apple', 'banana', 'cherry', 'plum', 'mango', 'watermelon'];
```

```
const shortFruits = fruits.filter(function(fruit) {
    return fruit.length < 6;  //length 是字符串的长度（字符串的字符个数）
});
console.log(shortFruits);           //输出：_____
```

5. 假设有一个银行账号数据的数组，每个账号数据为一个对象，包含 id 和 balance（余款）两个属性。const accounts = [{ id:1,balance:100 },{ id:2,balance:200 },{ id:3,balance:300 },{ id:4,balance:400 }];

(1) 判断数组中是否存在账户余额小于 200 的账号。

```
const hasLowBalance = accounts.some(_____);
console.log(hasLowBalance);   //输出：true( 存在账户余额小于 200 的账号 )
```

(2) 找到账户余额为 300 的账号对象的索引，并删除该账号。

```
const indexOfBalance300 = accounts.findIndex(_____);
accounts.splice(_____);
```

(3) 找到账户余额最大的账号对象的 id。

```
const maxBalanceAccount = accounts.reduce(_____);
console.log(maxBalanceAccount.id);   //输出：4
```

6.6　动手实践

实验 9　环保宣传轮播图

1. 实验目的

熟练掌握数组的应用、元素属性的修改及基本语句的应用。

2. 实验内容及要求

制作一个环保宣传图片轮换，界面要求如图 6-1 所示。点击左、右两个按钮，更换图片及图片的说明信息，并显示当前图片是第几张。

图 6-1　图片轮换效果图

3. 实验分析

1) 结构及样式分析

图片显示在一个盒子里，盒子底部有一行图片说明信息及一行页码提示信息，这两个提示信息用 <p> 标签定义，提示信息的左、右两侧分别是两个图片按钮，用 <img> 标签定义。

提示信息在盒子的最下面，并且浮在图片的上面，用绝对定位来实现。两个图片按钮在提示信息的左右侧，并且在提示信息的上面，用绝对定位来实现。

2) JavaScript 算法分析

本实验模拟了一个图片轮播案例，为两个图标添加点击事件，实现图片的切换以及提示信息内容的改变，图片地址和图片说明信息有多个，可以把这些信息存放在数组，每次切换时，依次从数组中取出数据即可。每次切换需要更改图片 <img> 元素的 src 属性及 <p> 元素的 innerHTML 属性。因每次切换都要更改这些属性，可以写一个函数，方便每次切换时调用。

(1) 获取要操作的元素对象。

(2) 定义数组和全局变量。

(3) 定义 silder() 函数，功能是更改切换时需要更改的属性值。

(4) 为向左向右按钮添加单击事件，实现图片来回切换。

4. 实验步骤

(1) 制作页面结构。

```html
<div class="main">
    <img id="img" src="" />
    <p id="txt"></p>
    <p id="num"></p>
    <img src="img/left.jpg" id="prev"/>
    <img src="img/right.jpg" id="next"/>
</div>
```

(2) 添加 CSS 样式。

① 清除默认样式。

```css
*{margin: 0; padding: 0;}
```

② 设置大盒子的样式。

```css
.main{
        width: 480px;
        height: 402px;
        position: relative;
        margin: 50px auto;
        }
```

③ 设置提示信息的样式。

```css
.main #txt, .main #num{
```

```css
        position: absolute;
        width: 480px;
        height: 40px;
        background: rgba(255, 255, 255, 0.7);
        line-height: 40px;
        text-align: center;
        font-size: 16px;
        font-weight: bolder;
        }
.main #txt{
        bottom: 40px;
        color: #666;
        }            /*图片说明信息定位坐标及字符颜色*/
.main #num{
        bottom: 0px;
        color: #F00;
        }            /*页码提示信息定位坐标及字符颜色*/
```

④ 设置按钮样式。

```css
#prev, #next{
        position: absolute;
        bottom: 0;
        cursor: pointer;}
#prev{left: 0;}
#next{right: 0;}
```

(3) 添加 JavaScript 代码。

① 通过 id 号获取要操作的元素对象。

```javascript
const oImg=document.getElementById("img");    //获取 id="img" 元素对象（图片）
const oTxt=document.getElementById("txt");     //获取 id="txt" 元素对象（信息展示栏）
const oPrev=document.getElementById("prev");   //获取 id="prev" 元素对象（右边的按钮）
const oNext=document.getElementById("next");   //获取 id="next" 元素对象（右边的按钮）
const oNum=document.getElementById("num");     //获取 id="num" 元素对象
```

② 定义数组和全局变量。

```javascript
const aSrc=["img/1.jpg", "img/2KENZO.jpg", "img/3.jpg", "img/4.jpg"];
                                //轮播图片地址仓库
const aTxt=["垃圾分类源自点滴，完美环境始于言行。", "播下一个行动，收获一份美丽",
"环境保护在心中，垃圾分类在手中。", "垃圾要分类，生活变美好。"];
                                //轮播文字数据仓库
let num=0;    //设置全局变量 num，用来存放当前的数组下标数值
```

③ 定义 silder() 函数。

```
function silder(){ }
```

④ 在 silder() 函数中，实现函数功能，更改图片 <img> 元素的 src 属性及 <p> 元素的 innerHTML 属性。属性值来源于数组，下标是 num 值的元素。

　a. 将图片数组中对应下标 num 的值赋给图片元素对象的 src 属性。

```
oImg.src=aSrc[num];
```

　b. 将文字数组中对应 num 的值赋给信息展示栏元素对象的 innerHTML 属性。

```
oTxt.innerHTML=aTxt[num];
```

　c. 页码提示信息。总页数是数组的长度，显示的当前页数是数组的下标加 1。

```
oNum.innerHTML=(num+1)+"/"+aSrc.length;
```

⑤ 调用 silder() 函数。页面加载完显示第一张图片及信息。

```
silder();
```

⑥ 为向右的按钮添加单击事件。

```
oNext.onclick=function() {        //为向右的按钮添加单击事件
        num++;                    //每单击一下，数组的下标值加 1
        if(num==aSrc.length)      //num 的值为数组的长度时，超出数组的下标值范围
        {
                num=0;            //num 赋值为 0( 数组第一个元素的下标值 )
        }
        silder();                 //每单击一次就调用 silder 函数一次，更换图片和提示信息
};
```

⑦ 为向左的按钮添加单击事件。

```
oPrev.onclick=function() {   //为向左的按钮添加单击事件
    num--;                   //每单击一下，数组的下标值减 1
    if(num==-1)              //num 值为 -1 时，超出数组的下标值范围
    {
        num=aSrc.length-1;   //num 赋值数组长度减 1( 最后一个元素的下标值 )
    }
    silder();                //每单击一次就调用 silder 函数一次，更换图片和提示信息
};
```

至此完成所有代码书写，保存后，在浏览器中预览、测试。

(3) JavaScript 代码整体展示。

```
<script>
const oImg=document.getElementById("img");    //获取 id="img" 元素对象 ( 图片 )
const oTxt=document.getElementById("txt");      //获取 id="txt" 元素对象 ( 信息展示栏 )
const oPrev=document.getElementById("prev");   //获取 id="prev" 元素对象 ( 右边的按钮 )
const oNext=document.getElementById("next");   //获取 id="next" 元素对象 ( 右边的按钮 )
const oNum=document.getElementById("num");    //获取 id="num" 元素对象
const aSrc=["img/1.jpg", "img/2KENZO.jpg", "img/3.jpg", "img/4.jpg"];
                                               //轮播图片地址仓库
```

```
const aTxt=["垃圾分类源自点滴，完美环境始于言行。", "播下一个行动，收获一份美
丽", "环境保护在心中，垃圾分类在手中。", "垃圾要分类，生活变美好。"];
                        //轮播文字数据仓库
let num=0;          //设置全局变量 num，用来存放当前的数组下标数值
function silder(){
        oImg.src=aSrc[num];
        oTxt.innerHTML=aTxt[num];
        oNum.innerHTML=(num+1)+"/"+aSrc.length;
}
silder();
oNext.onclick=function() {       //为向右的按钮添加单击事件
        num++;                    //每单击一下，数组的下标值加 1
        if(num==aSrc.length)      //num 的值为数组的长度时，超出数组的下标值范围
        {
            num=0;                //num 赋值为 0( 数组第一个元素的下标值 )
        }
        silder();           //每单击一次就调用 silder 函数一次，更变图片和提示信息
};
oPrev.onclick=function() {       //为向左的按钮添加单击事件
        num--;                    //每单击一下，数组的下标值减 1
        if(num==-1)               //num 值为 -1 时，超出数组的下标值范围
        {
            num=aSrc.length-1;    //num 赋值数组长度减 1( 最后一个元素的下标值 )
        }
        silder();           //每单击一次就调用 silder 函数一次，更换图片和提示信息
};
</script>
```

5. 总结

本实验利用一个全局变量 num 保存每次切换后数组下标的值，以使每次切换依次从数组中取出所需的数据。

6. 拓展

(1) 用数组的删除、添加元素的方法来实现轮播。

(2) 当一段时间不单击左右按钮时，实现自动轮播。

第 7 章 字符串对象

JavaScript 提供字符串对象是为了使开发者更方便地操作和处理文本数据。字符串是一种常见的数据类型，JavaScript 的字符串对象提供了一系列方法和属性，使得对字符串的操作更加灵活。

7.1 字符串常量

字符串由若干字符组成。字符串常量是用单引号 (') 或双引号 (" ") 引起来的若干字符，如 "张三"、"hello world!" 等。字符串的长度 (length) 是指所包含的字符的个数。字符串的索引从 0 开始，第一个字符的位置是 0，第二个字符的位置是 1，以此类推。一个字符串中可以不包含任何字符，表示一个空字符串，空字符串的长度为 0；也可以只包含一个字符，其长度为 1。JavaScript 中没有单独的字符类型。

字符串中的特殊字符需要以反斜杠 (\) 后跟一个普通字符来表示，反斜杠 (\) 在这里作为转义字符。通过转义字符，可以在字符串中添加不可显示的特殊字符，以防止符号匹配混乱的问题。常用的特殊字符如表 7-1 所示。

表 7-1　常用的特殊字符

特殊字符	描　　述
\r	表示换行
\n	表示回车符，相当于按下回车键
\t	表示制表符，相当于按下 Tab 键
\'	表示单引号
\"	表示双引号
\\	表示一个反斜杠 (\) 字符

在程序中，一个连续的字符串不能分开在两行中编写。如果一个字符串太长，为了方便阅读，需将这个字符串分两行书写时，可以先将这个字符串分成两个字符串并用加号 (+) 将这两个字符串连接起来，然后在加号后断行。

在 ECMAScript5 中，允许在一个多行字符串字面量里的每行结束处添加反斜杠 (\)，然后在反斜杠 (\) 后断行。

7.2　模板字符串

模板字符串也称模板字面量，是 ECMAScript2015 (ES6) 中引入的一种字符串表示法，可以创建多行字符串和在字符串中插入变量或表达式的特殊字符串。

模板字符串使用反引号 (`) 来定义，其中插入的变量或表达式使用 ${} 括起来。

示例 7-1　代码清单如下：

```
let area=" 海城区 ";
let sqlStr=` select * from userinfo where areadd='${area}'`;
console.log(sqlStr);
```

运行上述代码，在控制台中输出：

```
select * from userinfo where areadd='海城区'
```

模板字符串的主要特点如下：

(1) 模板字符串中可以包含多行文本，而不需要使用换行符 \n。

例如：

```
const template= `
    <div>
        <p>Copyright@2024 XXX 学院 </p>
        <p> 地址：广西北海市银海区南珠大道 9 号 邮编：536000</p>
    </div>
    `;
```

(2) 在模板字符串的 ${} 内部可以放置任何有效的 JavaScript 表达式，这些表达式将在字符串内部被计算。

示例 7-2　代码清单如下：

```
const num1 = 5;
const num2 = 3;
const result = `${num1} + ${num2} = ${num1 + num2}`;
console.log(result);   //输出：5 + 3 = 8
```

7.3　字符串对象的创建

字符串对象可以使用字面量或构造函数创建。

1. 使用字面量创建

使用单引号、双引号或反引号 (模板字符串) 可以创建字符串对象。例如：

```
let str="Hello, World!";
```
此方式最常见，且易于使用。

2. 使用字符串构造函数创建

使用 String 构造函数也可以创建字符串对象。其语法如下：
```
new String( 字符串字面量 );
```
例如：
```
let strl=new String("Hello, World!");
```

7.4　字符串对象的属性

字符串对象最常用的属性是 length 属性。length 属性可返回字符串中字符的个数。获取使用 length 属性值的语法如下：
```
字符串对象 . length
```
示例 7-3　代码清单如下：
```
let str1=new String("Hello, World!");
let str2=" Hello, World!";
console.log(str1.length);                 //输出：13
console.log(str2.length);                 //输出：13
console.log("Hello, World!".length);      //输出：13
```

7.5　字符串对象的方法

JavaScript 提供了用于操作和处理字符串对象的方法，如搜索字符串中的字符、转换字符串的大小写、截取字符串、连接字符串等。

调用字符串对象的方法的语法如下：
```
字符串对象 . 方法名 ( 参数 1，参数 2，…)
```

1. 查找给定位置的字符或其字符编码值的方法

查找给定位置的字符或其字符编码值的方法有 charAt()、charCodeAt() 和 formChar Code() 方法。

charAt() 和 charCodeAt() 方法都接收一个参数 (字符位置)。charAt() 方法返回的是给定位置的字符；charCodeAt() 方法返回的是给定位置字符的字符编码。参数缺省时默认字符位置为 0，字符位置有效值为 0 到字符串长度减 1 的数字。如果指定位

置超出字符位置有效值，将返回 NaN。 与 charCodeAt() 方法对应的是 String 对象的
formCharCode() 方法，formCharCode() 方法可从一些 Unicode 码中返回一个字符串，
其语法如下：

String.fromCharCode([code1[, code2, …]])

示例 7-4　代码清单如下：

```
let str1 ='abz ';
console.log( str1.charAt(1) );              //输出：b
console.log( str1.charCodeAt() );           //输出：97( 参数缺省默认为 0)
console.log( str1.charCodeAt(1) );          //输出：98
console.log( str1.charCodeAt(2) );          //输出：122(a~z 编码为 97~122)
console.log( str1.charCodeAt(3) );          //输出：32( 空格的编码为 32)
console.log("_____");
let str2 ='ABZ';
console.log( str2.charCodeAt(0) );          //输出：65(A~Z 编码为 65~90)
console.log( str2.charCodeAt(1) );          //输出：66
console.log( str2.charCodeAt(2) );          //输出：90
console.log("_____");
let str3 ='019';
console.log( str3.charCodeAt(0) );          //输出：48(0~9 的编号为 48~57)
console.log( str3.charCodeAt(1) );          //输出：49
console.log( str3.charCodeAt(2) );          //输出：57
console.log( str3.charCodeAt(3) );          //输出：NaN( 超出字符串的长度 )
console.log("_____");
console.log( String.fromCharCode(97, 98) );     //输出：ab
console.log( String.fromCharCode(65, 66) );     //输出：AB
console.log( String.fromCharCode(48, 49) );     //输出：01
```

2. 查询子字符串的方法

查询子字符串的方法有 indexOf() 和 lastIndexOf() 方法。indexOf() 方法和 lastIndexOf()
方法都接收 1 ~ 2 个参数。第一个参数是要在字符串对象中查找的子字符串；第二个参
数用于指定在字符串对象中开始查找的位置，如果省略，则 indexOf() 方法从字符串的
开始处查找，lastIndexOf() 方法从字符串的末尾处开始查找。indexOf() 方法是从左往
右查找，lastIndexOf() 方法则是从右往左查找。indexOf() 方法返回字符串对象内第一
次出现子字符串的位置，lastIndexOf() 方法返回字符串对象中子字符串最后出现的位置。
如果没有匹配到子字符串，则都返回 –1。

示例 7-5　代码清单如下：

```
let str = "ABCDECDF";
console.log(str.indexOf("CD"));         //输出：2( 从字符串的开始处由左往右查找 )
```

```
console.log(str.lastIndexOf("CD"));       //输出：5( 从字符串的末尾处开始由右往左查找 )
console.log(str.indexOf("D", 4));         //输出：6( 由位置 4 从左向右查找 )
console.log(str.lastIndexOf("D", 4));     //输出：3 ( 由位置 4 从右向左查找 )
console.log(str.lastIndexOf("ww", 4));    //输出：–1 (str 中没有 "ww")
```

3. 检查字符串中是否包含特定的子字符串的方法

检查字符串中是否包含特定的子字符串的方法有 includes()、startsWith() 和 endsWith() 方法。

includes()、startsWith() 和 endsWith() 方法的语法格式相同，可以接收 1 ～ 2 个参数。当参数只有一个字符串时，3 种方法的功能如下：

(1) includes()：返回布尔值，表示在源字符串是否找到了参数指定的字符串。

(2) startsWith()：返回布尔值，表示参数指定的字符串是否在源字符串的头部。

(3) endsWith()：返回布尔值，表示参数指定的字符串是否在源字符串的尾部。

当第一个参数是字符串，第二个参数是数值 n 时，endsWith() 与其他两种方法有所不同，它针对前面 n 个字符，而其他两种方法针对从第 n 个位置开始直到字符串结束的字符。

示例 7-6　代码清单如下：

```
let str = 'Hello world';
console.log(str.startsWith('Hello'));     //输出：true
console.log(str.endsWith('world'));       //输出：true
console.log(str.includes('Hello'));       //输出：true
console.log(str.startsWith('world', 6));  //输出：true
console.log(str.endsWith('Hello', 5));    //输出：true
console.log(str.includes('Hello', 6));    //输出：false
```

4. 字符串大小写转换的方法

字符串大小写转换的方法有 toLowerCase() 和 toUpperCase()。

toLowerCase() 方法返回一个新的字符串，该字符串中的字母都是小写字母。toUpperCase() 方法返回一个新的字符串，该字符串中的字母都是大写字母。toLowerCase() 和 toUpperCase() 方法均返回一个新的字符串，原字符串不变。

示例 7-7　代码清单如下：

```
let str = "ABCabc";
console.log(str.toLowerCase());           //输出：abcabc
console.log(str.toUpperCase());           //输出：ABCABC
console.log(str);                         //输出：ABCabc( 原字符串不变 )
```

5. 连接字符串的方法

连接字符串的方法是 concat() 方法，也可以用加法运算符实现字符串连接操作。concat() 方法可以有一个或多个参数，将传递进来的字符串拼接起来，并返回拼接后的字符串，原字符串不变。

示例 7-8　代码清单如下：

```
let str="hello";
let res=str.concat("world");
console.log(res);                //输出：hello world（拼接后得到新的字符串）
console.log(str+"world");        //输出：hello world（加法运算符拼接字符串操作）
console.log(str);                //输出：hello（原 str 字符串没有变）
```

6. 分割字符串的方法

分割字符串的方法是 split() 方法。split() 方法可以按照某种分割标记将一个字符串分割成子字符串数组，原字符串不变。分割标记可以是空格、标点符号等其他符号或是正则表达式（详见第 8 章）。

示例 7-9　代码清单如下：

```
let str="What are you doing?"
let aSub=str.split(" ");            //空格为分割符
console.log(aSub.length) ;          //输出数组的长度
for (let i=0; i<aSub.length; i++){  //遍历数组 aSub
    console.log(aSub[i]);           //输出数组中的各元素
    }
console.log(aSub.join(' '));        //数组元素以空格连接成字符串
console.log(str);                   //输出：What are you doing?（原字符串不变）
```

程序运行后，在控制台中输出：

```
4
What
are
you
doing?
What are you doing?
What are you doing?
```

结果显示数组长度为 4，以空格分割把字符串分成四个部分。

7. 从字符串中提取子字符串的方法

从字符串中提取子字符串的方法有 slice()、substring() 和 substr() 方法。slice()、substr() 和 substring() 方法都返回字符串的一个子字符串，而且都接收 1 ～ 2 个参数。第一个参数指定子字符串的开始位置，slice() 方法和 substring() 方法的第二个参数指定的是子字符串最后一个字符后面的位置，而 substr() 方法的第二个参数指定的是返回的字符个数。如果省略第二个参数，则截取到字符串最后一个位置。

示例 7-10　代码清单如下：

```
let str = "beautiful";
```

```
console.log(str.slice(2));          //输出：autiful（从第 2 个位置开始，一直到最后）
console.log(str.slice(2, 5));       //输出：aut（从第 2 个位置开始，不包含第 5 个位置）
console.log(str.substring(2));      //输出：autiful（从第 2 个位置开始，一直到最后）
console.log(str.substring(2, 5));   //输出：aut（从第 2 个位置开始，不包含第 5 个位置）
console.log(str.substr(2));         //输出：autiful（从第 2 个位置开始，一直到最后）
console.log(str.substr(2, 5));      //输出：autif（从第 2 个位置开始，截取 5 个字符）
console.log(str);                   //输出：beautiful（原字符串不变）
```

8. 删除字符串前后空格的方法

删除字符串前后空格的方法有 trim()、trimStart() 和 trimEnd() 方法。这三种方法均返回新的字符串，原字符串不变。

trim() 方法可去除字符串的开头和结尾处的空白字符，返回新的字符串，不影响字符串本身的值。trimStart() 方法可去除字符串开头的空格字符。trimEnd() 方法可去除字符串末尾的空格字符。

示例 7-11 代码清单如下：

```
const str="  hello world  ";
console.log(`(${str.trim()})`);       //输出:（hello world）（返回已去除前后空格的新字符串）
console.log(`(${str})`);              //输出：( hello world )（原字符串的空格无变化）
console.log(`(${str.trimStart()})`);  //输出:(hello world  )（返回已去除前面空格的新字符串）
console.log(`(${str})`);              //输出：( hello world )（原字符串的空格无变化）
console.log(`(${str.trimEnd()})`);    //输出:(  hello world)（返回已去除后面空格的新字符串）
console.log(`(${str})`)               //输出：( hello world )（原字符串的空格无变化）
```

9. 填充字符串的方法

字符串填充的方法有 padStart() 和 padEnd() 方法。在字符串的开头 (padStart) 或末尾 (padEnd) 填充指定的字符，直到字符串达到指定的长度。这些方法通常用于格式化字符串，确保它们具有特定的长度。

padStart () 和 padEnd () 方法都接收 1 ～ 2 到两个参数。第一个参数用于指定所需要的字符串总长度；第二个参数用于填充的字符串，如果省略，则默认用空格填充。padStart () 和 padEnd () 方法均返回新的字符串，原字符串不变。

示例 7-12 代码清单如下：

```
const str = 'Hello';
const paddedStart = str.padStart(10, '*');
console.log(paddedStart);       //输出：*****Hello
const paddedEnd = str.padEnd(10, '-');
console.log(paddedEnd);         //输出：Hello-----
console.log(str);               //输出：Hello( 原字符串不变 )
```

10. 重复字符串的方法

重复字符串的方法是 repeat() 方法。repeat() 方法用于创建一个新字符串，其中包含重复原始字符串的内容指定次数，原字符串不变。repeat() 方法的语法如下：

```
str.repeat(count)
```

其中，str 为要重复的原始字符串，count 为指定重复次数的整数值。

示例 7-13　代码清单如下：

```
const word = 'Hello';
const repeated = word.repeat(3);
console.log(repeated);          //输出：HelloHelloHello
console.log(word);              //输出：Hello（原字符串不变）
```

11. 替换字符串中匹配项的方法

替换字符串中匹配项的方法有 replace() 和 replaceAll() 方法。replace() 和 replaceAll() 方法都接收两个参数，第一个参数是要查找并替换的字符串，第二个参数用于替换的字符串。replace() 方法只能替换第一个匹配项，replaceAll() 方法可替换所有的匹配项。replace() 和 replaceAll() 方法均返回新的字符串，原字符串不变。

示例 7-14　代码清单如下：

```
const str = 'Hello, World! Hello, Universe!';
const replaced = str.replace('Hello', 'Hi');
console.log(replaced);          //输出：Hi, World! Hello, Universe!
const replacedAll = str.replaceAll('Hello', 'Hi');
console.log(replacedAll);       //输出：Hi, World! Hi, Universe!
console.log(str);               //输出：Hello, World! Hello, Universe!（原字符串不变）
```

12. 比较两个字符串的方法

比较两个字符串的方法是 localeCompare() 方法。localeCompare() 方法将返回一个数字，表示两个字符串的比较结果：如果第一个字符串在排序上小于第二个字符串，则返回一个负数（通常是 –1）；如果两个字符串在排序上相等，则返回 0；如果第一个字符串在排序上大于第二个字符串，则返回一个正数（通常是 1）。

示例 7-15　代码清单如下：

```
const str1 = 'apple';
const str2 = 'banana';
const comparison = str1.localeCompare(str2);
if (comparison < 0) {
  console.log('str1 在排序上小于 str2');
} else if (comparison === 0) {
  console.log('str1 和 str2 在排序上相等');
} else {
  console.log('str1 在排序上大于 str2');
}
```

程序运行后，在控制台中输出：

str1 在排序上小于 str2

7.6 基础练习

填空并上机验证答案。

1. 程序代码如下：

let str ='ab AB1';

console.log(str.length);   //输出：① _____

console.log(str.charAt(4));   //输出：② _____

console.log(str[3]);   //输出：③ _____

console.log(str.charCodeAt());   //输出：④ _____

console.log(str.charCodeAt(1));   //输出：⑤ _____

console.log(str.charCodeAt(6));   //输出：⑥ _____

console.log(String.fromCharCode(97, 98));   //输出：⑦ _____

console.log(str.charCodeAt(5));   //输出：⑧ _____

2. 程序代码如下：

let str = "separator";

console.log(str.slice(3));   //输出：① _____

console.log(str.slice(2, 6));   //输出：② _____

console.log(str.substring(3));   //输出：③ _____

console.log(str.substring(3, 5));   //输出：④ _____

console.log(str.substr(4));   //输出：⑤ _____

console.log(str.substr(3, 7));   //输出：⑥ _____

3. 程序代码如下：

let str = "separator";

console.log(str.indexOf("a"));   //输出：① _____

console.log(str.lastIndexOf("a"));   //输出：② _____

console.log(str.indexOf("a", 4));   //输出：③ _____

console.log(str.lastIndexOf("a", 4));   //输出：④ _____

7.7　动手实践

实验 10　用字符串方法检测账号是否合法

1. 实验目的

掌握 JavaScript 的基本编程思路，熟悉字符串方法、函数应用等。

2. 实验内容及要求

制作一个简易判断账号是否合法的界面。操作界面要求如图 7-1 所示。利用字符串方法检测用户所输入的号码是否符合要求，并对不符合要求的输入内容进行弹窗提示。

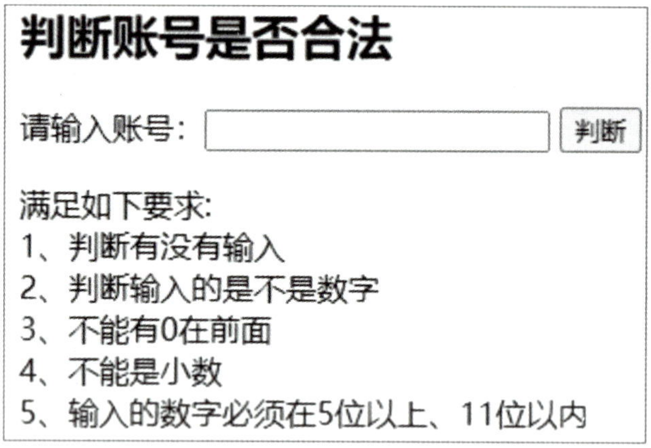

判断账号是否合法

请输入账号：　[＿＿＿＿＿＿＿＿＿＿]　[判断]

满足如下要求：
1、判断有没有输入
2、判断输入的是不是数字
3、不能有0在前面
4、不能是小数
5、输入的数字必须在5位以上、11位以内

图 7-1　账号判断界面

3. 实验分析

1) 结构分析

本实验页面布局由标题文字、输入文本框、判断按钮及要求提示内容构成。标题文字用 <h2> 标签定义，输入文本框和判断按钮用 <input> 标签定义，要求提示内容用 <p> 标签定义。

2) JavaScript 算法分析

算法步骤如下：

① 获取 input 元素账号输入文本框和判断按钮对象，并为判断按钮添加 onclick 事件。

② 在判断按钮 onclick 事件处理程序中判断输入的账号是否合法，并将结果返回。

③ 定义 check 函数，用于判断账号是否合法。

4. 实验步骤

(1) 制作页面结构。

```
<body>
<h2> 判断账号是否合法 </h2>
请输入账号 : <input type="text" />
<input type="button" value="判断 " />
<p>
```

满足如下要求：

　　1、判断有没有输入

　　2、判断输入的是不是数字

　　3、不能有 0 在前面

　　4、不能是小数

　　5、输入的数字必须在 5 位以上、11 位以内

```
</p>
</body>
```

(2) 添加 JavaScript 代码。

① 获取账号输入文本框、判断按钮对象。

```
let oInp=document.getElementsByTagName("input");
                        //通过 input 标签获取 input 元素对象
```

② 为判断按钮添加 onclick 事件。

```
oInp[1].onclick=function(){ };
```

③ 在 onclick 事件处理程序中进行以下操作：

a. 获取账号。

定义字符串变量 str，将获取的账号输入文本框的 value 值赋给 str。

```
let str=Inp[0].value;    //将输入的值保存在字符串 str 里
```

b. 判断输入的账号是否合法，并将结果返回。

调用判断账号是否合法的 check 函数，利用 alert() 方法将 check 函数的返回结果通过弹窗显示。

```
alert(check(str));
```

④ 定义判断输入的账号是否合法的 check 函数。

```
function check(str) { }
```

⑤ 在 check 函数体中进行以下操作：

a. 空值判断。

```
if(!str){                    //判断有没有输入
    return "你还没有输入 , 请输入! ";
    }
```

b. 数字判断。

定义一个判断字符串是否全是数字的函数 detectNum。

```
function detectNum ( str ) {         //判断字符串是否全是数字
    let n = 0;
```

```
            for ( let i=0; i<str.length; i++ ) {
                    n = str.charCodeAt(i);
                    if ( n<48 || n>57 ) return false;     //0~9 编码：48~57
        }
                return true;
        }
```

调用函数 detectNum 判断字符串是否全为数字。

```
    if (!detectNum(str) ) { //判断输入的是不是数字
            return "你必须输入一串数字！";
        }
```

c. 首字符非 0 判断。

```
    if(str.charAt(0)==0){   //用 charAt() 方法返回位置为 0 的字符，判断首字符是否为 0
            return "首字符不能为 0！"
        }
```

d. 小数点判断。

```
    if(str.indexOf(".")!=-1){   //用 indexOf() 方法查找小数点是否存在，判断是否为小数
            return "非法字符 '.'( 请不要输入小数 )！"
        }
```

e. 数位判断。

```
    if(str.length<=5||str.length>12){   //输入的数字必须在 5 位以上、11 位以内
            return "输入的数字必须在 5 位以上、11 位以内！";
        }
```

f. 若以上条件均不满足，则输入成功。

```
    return "输入成功！";
```

至此，完成所有代码书写，保存后，在浏览器中预览、测试。

(3) JavaScript 代码整体展示。

```
    <script>
    let oInp=document.getElementsByTagName("input");
                                        //获取输入文本框、判断按钮对象
    oInp[1].onclick=function(){          //为判断按钮添加单击事件
        let str=oInp[0].value;           //将输入的值保存在字符串 str 里
        alert(check(str));
    }
    function check(str){
            if(!str){                        //判断有没有输入
            return "你还没有输入，请输入！";
            }
            if (!detectNum(str) ) {          //判断输入的是不是数字
```

```
                    return "你必须输入一串数字！";
            }
            if(str.charAt(0)==0){                    //用 charAt() 方法返回位置为 0 的字符，判
                                                     //断是否为 0
            return "首字符不能为 0 ！"
            }
            if(str.indexOf(".")!=-1){                //用 indexOf() 方法查找小数点是否存在，判
                                                     //断是否为小数
            return "非法字符 '.'( 请不要输入小数 ) ！"
            }
            if(str.length<=5||str.length>12){    //输入的数字必须在 5 位以上、11 位以内
            return "输入的数字必须在 5 位以上、11 位以内！";
            }
            return "输入成功！";
    }
    function detectNum ( str ) {                     //判断字符串是否全是数字
            let n = 0;
            for ( let i=0; i<str.length; i++ ) {
                    n = str.charCodeAt(i);
                    if ( n<48 || n>57 )return false;     // 0~9 编码：48~57
            }
            return true;
    }
    </script>
```

5. 总结

(1) 本实验根据功能需求定义了两个函数，使程序结构更加清晰。

(2) 在判断账号是否是合法的条件时，应用了字符串的方法。

6. 拓展

试使用其他方法检测账号是否合法，例如可以用前面学习过的 isNaN() 判断是不是数字，用 parseInt() 和 parseFloat() 判断是不是小数等。

实验 11　展开和收起文章内容

1. 实验目的

熟练掌握 JavaScript 的编程技巧、字符串对象 substring() 方法的应用。

2. 实验内容及要求

本实验实现文章内容的展开和收缩功能。当点击"展开"超链接时，文章展开界面如图 7-2 所示；当点击"收缩"超链接时，文章收缩界面如图 7-3 所示。

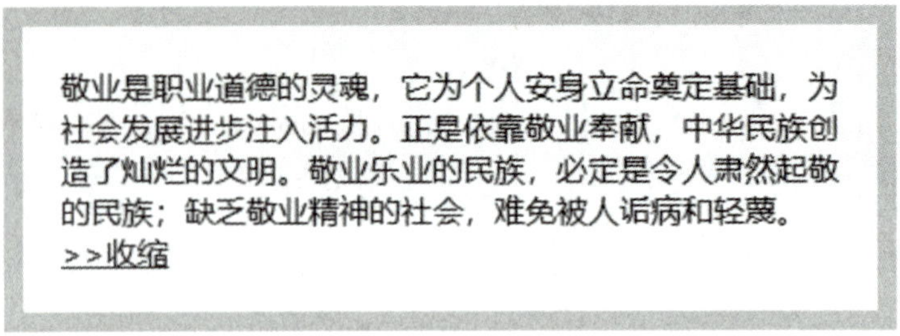

敬业是职业道德的灵魂，它为个人安身立命奠定基础，为社会发展进步注入活力。正是依靠敬业奉献，中华民族创造了灿烂的文明。敬业乐业的民族，必定是令人肃然起敬的民族；缺乏敬业精神的社会，难免被人诟病和轻蔑。
>>收缩

图 7-2　文章展开界面

敬业是职业道德的灵魂，它 ......>>展开

图 7-3　文章收缩界面

3. 实验分析

1) 结构分析

该页面结构简单，整个区块可以用 <p> 标签定义，"收缩"或"展开"超链接可以用 <a> 标签定义，文章内容和"展开"超链接在一行显示，文章内容可以用 <span> 标签定义。

2) JavaScript 算法分析

用户可以通过点击文章段落末端的"展开"或"收缩"超链接，对 <p> 标签内的 span 段落进行收缩与展开。算法步骤如下：

① 获取要操作的元素对象，包括文章内容的 span 元素对象及展开或收缩的 a 元素对象。

② 文章内容收缩前，要先保存原文章内容。

③ 点击同一个 a 元素对象实现收缩或展开功能，需要添加一个标志用于记录当前的收缩或展开状态。

④ 给 a 元素对象添加 onclick 事件。

⑤ 在 a 元素对象的 onclick 事件处理程序中实现收缩或展开功能。

⑥ 通过 substring() 方法截取字符串，实现显示文章内容的收缩效果。

4. 实验步骤

(1) 制作页面结构。

```
<body>
<p>
<span> 敬业是职业道德的灵魂，它为个人安身立命奠定基础，为社会发展进步注入活力。正是依靠敬业奉献，中华民族创造了灿烂的文明。敬业乐业的民族，必定是令人肃然起敬的民族；缺乏敬业精神的社会，难免被人诟病和轻蔑。</span>
<a href="javascript: ;">>> 收缩 </a>
</p>
```

</body>

(2) 添加 CSS 样式。

```
<style>
p {
        border: 10px solid #ccc;
        background: #FFC;
        width: 400px;
        padding: 20px;
        font-size: 16px;
        font-family: 微软雅黑 ;
        margin: 40px auto 0;
        }
</style>
```

(3) 添加 JavaScript 代码。

① 获取要操作的元素对象。

```
let oP = document.getElementsByTagName('p')[0];
let oSpan = oP.getElementsByTagName('span')[0];
let oA = oP.getElementsByTagName('a')[0];
```

② 将文章内容 span 元素对象的内容保存在字符串 str 里。

```
let str = oSpan.innerHTML;      //将 span 元素对象的内容保存在字符串 str 里
```

③ 设置一个"收缩"或"展开"标志 onOff。

```
let onOff = true;          //设置一个开关标志
```

④ 给点击 a 元素对象添加单击事件。

```
oA.onclick = function () {};
```

⑤ 在 a 元素对象 onclick 事件处理程序中判断"收缩"或"展开"标志 onOff 状态，实现"展开"或"收缩"功能。

```
if ( onOff ) {
        oSpan.innerHTML = str.substring(0, 12);    //用 substring() 方法截取字符串
        oA.innerHTML = '>> 展开'; }
else {
            oSpan.innerHTML = str;
            oA.innerHTML = '>> 收缩';
        }
```

⑥ 每点击一次"收缩"或"展开"，就改变一次标志 onOff 的值。

```
onOff = !onOff;
```

至此，完成所有代码书写，保存后，在浏览器中预览、测试。

(4) JavaScript 整体代码展示。

```
<script>
let oP = document.getElementsByTagName('p')[0];      //通过标签号获取 p 元素对象
```

```
let oSpan = oP.getElementsByTagName('span')[0];     //通过标签号获取 <span> 元素对象
let oA = oP.getElementsByTagName('a')[0];   //通过标签号获取点击 <a> 元素对象
let str = oSpan.innerHTML;              //将 span 元素对象的内容保存在字符串 str 里
let onOff = true;                       //设置一个开关标志
oA.onclick = function () {              //为点击 <a> 元素对象添加单击事件
        if ( onOff ) {
            oSpan.innerHTML = str.substring(0, 12); //用 substring() 方法截取字符串
            oA.innerHTML = '……>> 展开 ';
        } else {
            oSpan.innerHTML = str;
            oA.innerHTML = '>> 收缩';
        }
        onOff = !onOff;                 //每执行一次就取反一次标志的值
};
</script>
```

5. 总结

在程序设计中，表示两种状态时，常常设置一个布尔类型的标志，简化程序设计。

6. 拓展

(1) 为提升用户体验，增加动画效果：使用 CSS3 过渡或动画效果，使展开和收缩更加平滑。

(2) 多个段落的展开与收缩: 如果页面有多个段落，使其支持多个段落的展开与收缩。

第8章 正则表达式

JavaScript 提供正则表达式是为了让开发者能够更方便、更高效地进行文本模式匹配和处理。正则表达式是处理字符串的强大工具。

8.1 正则表达式概述

在 Windows 操作系统的资源管理器中，在搜索文件和文件夹时，使用特殊字符如"?"和"*"等通配符匹配多个文件名或路径。其中"?"匹配文件名中的单个字符，"*"匹配文件名中的零个或多个字符。

JavaScript 提供了一种强大的字符串匹配工具，即正则表达式。它在 JavaScript 中有广泛的应用，可用于字符串处理、文本分析、验证输入等各种任务。例如在第 7 章的实验 10 中判断一个字符串是不是合法账号，编写了多行程序，而用正则表达式 /^[1-9]\d{4, 10}$/ 就可以判断该实验中字符串是不是合法的账号。在这个正则表达式中，字符"d"通过反斜杠 (\) 转义后，代表 0 ～ 9 中的任意数字，花括号中的数字表示数字匹配的次数的范围。

正则表达式是用一些特殊的符号来代表具有某种特征的一组字符以及指定匹配的次数，这些特殊的符号组成的字符串是一种字符串模式，不再表示某一具体的文本内容，而是用于匹配一组字符串。

8.2 正则表达式字面量

正则表达式字面量格式：/ 字符串模式 /[标志]。例如：/a/I 。

格式说明："字符串模式"是必需的，这部分包含在一对斜杠 (/) 字符之间，"标志"是正则表达式的标志信息，是可选项，跟在最后一个"/"之后。

"字符串模式"是用一些特殊的符号组成，这些特殊符号用来代表具有某种特征的一组字符以及指定匹配的次数。"标志"字符用于改变正则表达式的行为和匹配方式。

8.3　正则表达式 RegExp 对象

JavaScript 中提供了一个名为 RegExp 的对象来完成有关正则表达式的操作和功能。

 8.3.1　创建正则表达式实例对象

创建正则表达式实例对象有以下两种方法：

(1) 使用正则表达式 RegExp 对象的构造函数创建。

语法：

new RegExp ("字符串模式"[,"标识"]);

语法参数说明："字符串模式"是必需的；"标识"是正则表达式的标志信息，是可选项。这两个参数都是以 JavaScript 字符串的形式存在，需要使用双引号或单引号引起来。例如：

let aExp=new RegExp("a"，"i");

(2) 使用直接量创建。

使用正则表达式字面量创建正则表达式实例对象。例如：

let aExp=/ab/i;

 8.3.2　正则表达式常用的 test 方法

test 方法是正则表达式的常用方法，功能是用正则表达式去匹配字符串，判断字符串中是否存在正则表达式对象实例所指定的正则表达式模式，如果存在，则匹配成功，返回真值 true，否则匹配失败，返回假值 false。

语法：

正则表达式对象实例 .test(字符串)

示例 8-1　代码清单如下：

```
let str = 'abcdef';
let re = /b/;
console.log( re.test(str) );
```

结果输出"true"值，因为 re 正则表达式代表字符"b"，而字符串 str 中存在字符"b"，所以匹配成功，返回真值 true。

8.4　正则表达式的元字符

正则表达式格式：/ 字符串模式 /[标识]。"字符串模式"是用一些特殊的符号组成，这些特殊符号称为元字符，用来代表具有某种特征的一组字符以及指定匹配的次数。要灵活运用正则表达式，必须了解其中各种元字符的功能。正则表达式语法主要是对各个元字符的功能描述。

 ## 8.4.1　直接量字符

正则表达式中的所有字母和数字都是按照字面含义进行匹配的，这些是直接量字符。JavaScript 正则表达式语法也支持字符转义，这些字符需要通过反斜杠 (\) 作为前缀进行转义。例如：

/abcd/ 该正则表达式表示"abcd"四个字符

/abc\d/ 该正则表达式表示前三个字符"abc"，第四个字符是数字。该正则表达式中前三个字符是直接量，第四个字符"d"通过反斜杠 (\) 转义后，代表 0 ~ 9 中的任意数字。

注：反斜杠 (\) 用于转义，若要表示反斜杠 (\) 本意，则要在其前面再加反斜杠 (\) 即"\\"。

 ## 8.4.2　转义字符

常用转义字符如下：

(1) \d：匹配数字。例如：/\d\d\d/，该正则表达式表示 3 位数字。

(2) \D：匹配非数字。例如：如下代码判断一个字符串是否全是数字。

示例 8-2　代码清单如下：

```
let str = '12374829348791';
let re = /\D/;        //匹配非数字
if( re.test(str) ){
        console.log ('不全是数字');
}
else{
        console.log ('全是数字');
}
```

结果输出"全是数字"，因为在字符串 str 中，全是数字，不存在非数字与正则表达式匹配，test 方法返回值为 false，所以执行条件语句中的 else 后的代码块，输出"全是数字"。

(3) \w：匹配字母、数字、下画线。例如：判断一个字符串是否是由字母、数字、下画线组成。

示例 8-3　代码清单如下：

```
let str = 'qq_123990509';
let re = /\w+/;        //这里的 "+" 字符为一个量词，指重复的 1 次或多次
if( re.test(str) ){
        console.log ('字符串合法');
```

```
    }
    else{
            console.log ('存在非法字符');
    }
```

结果输出"字符串合法"，因为在字符串 str 中，只有字母、数字、下画线这三类字符与正则表达式匹配，test 方法返回值为 true，所以执行条件语句，满足条件的代码块，输出"字符串合法"。

（4）\W：匹配任意不是字母、数字、下画线的字符。

\W 与小写 \w 意思相反，这里不再举例说明。

（5）\s：匹配空格。例如匹配字符串 "A B C" 的正则表达式是 /\w\s\w\s\w/，一个字符后跟一个空格，如字符间有多个空格，直接把"\s"写成"\s+"，让空格重复。

示例 8-4　代码清单如下：

```
    let str = 'A B C';
    let re = /\w\s\w\s\w /;
    if( re.test(str) ){
            console.log ('匹配成功');
    }
    else{
            console.log ('匹配不成功');
    }
```

结果输出"匹配成功"。

（6）\S：匹配非空格。

\S 与小写 \s 意思相反，这里不再举例说明。

（7）\.：匹配真正的点"."。

（8）.：匹配除了换行符以外的任何字符。

\w 不能匹配空格，如果把字符串加上空格用 \w 就受限了，用 . 能够解决受限问题。例如匹配字符 "qq 123990509" 的正则表达式 /.+/，这里的"+"字符为一个量词，指重复 1 次或多次。

示例 8-5　代码清单如下：

```
    let str = 'qq 123990509';
    let re = /.+ /;
    if( re.test(str) ){
            console.log ('匹配成功');
    }
    else{
            console.log ('匹配不成功');
    }
```

结果输出"匹配成功"。

（9）\b：匹配独立的部分。独立的部分（起始、结束、空格）是指字的边界，它包含字与空格间的位置，以及目标字符串的开始和结束位置等。

示例 8-6 代码清单如下：

```
let str = 'onetwo';

let re = /one\b/;

console.log ( re.test(str) );
```

结果输出 false，因为 "\b" 放在 "one" 后面，而 "one" 后面不是空格而是字符串结束，所以不匹配，返回假值 false。如果把 "\b" 放在 "one" 前面，var re = /\bone/，则返回真值 true，因为 one 的前面是字符串的开始。

如果要从字符串 "one two three" 中匹配单独的单词 "two"，正则表达式就要写成 "\btwo\b"。

(10) \B：匹配非独立的部分。\B 与小写 \b 意思相反，这里不再举例说明。

(11) 其他转义字符。

\f：匹配换页符；

\n：匹配换行符；

\r：匹配回车符；

\t：匹配制表符。

 8.4.3 具有特殊含义的符号

正则表达式中除了转义用的 "\"，还有 {}、[]、()、+、?、*、^、$、| 等符号具有特殊含义。

(1) 量词 {}。量词表示出现的次数。在上述正则表达式的语法中，匹配三位数字的字符串，正则表达式为 /\d\d\d/，匹配四位数字的字符串，正则表达式为 /\d\d\d\d/。如果要描述任意位数的数字就无法表达，这时就要用到量词，匹配重复的次数。量词用花括号 ({}) 括起来，正则表达式的量词语法如表 8-1 所示。

表 8-1 正则表达式的量词语法

量　词	含　义
{n, m}	最少出现 n 次，最多出现 m 次
{n, }	最少出现 n 次
{n}	正好出现 n 次
{1, } 或 +	出现 1 次或多次（至少出现 1 次）
{0, 1} 或 ?	出现 0 次或 1 次
{0, } 或 *	出现 0 次或多次（可以 1 次都不出现）

通过量词匹配三位数字的字符串，正则表达式为 /\d{3}/，匹配四位数字的字符串，正则表达式为 /\d{4}/。如果要描述任意位数的数字字符串，则正则表达式为 /\d*/。

示例 8-7　代码清单如下：

```
let str = 'abc';
let re = /ab*/;
console.log(re.test(str));
```

结果输出 true。因为字符串中有"ab"这两个字符，此例中"*"的作用是匹配字符"b"，"b"可以不出现也可以出现 1 个"b"或连续任意多个"b"。

(2) 字符匹配符 []。字符匹配符用于指定该符号部分可以匹配多个字符中的任意一个，符号部分用中括号 ([]) 括起来。中括号 ([]) 的整体仅代表一个字符，字符之间是"或"的关系。各种字符匹配符及含义如表 8-2 所示。

表 8-2　字符匹配符及含义

字符匹配符	含　义
[……]	中括号中包含多个字符，匹配所包含的任意一个字符。 例如：[abc] 可以匹配"a""b""c" 3 个字符中的任意一个字符 可以匹配"play"中的"a" 可以匹配"ball"中的"b" 可以匹配"come"中的"c"
[^……]	中括号中包含多个字符，前面加了"^"符号 (必须出现在最前面)，与 [……] 是逆运算，匹配未包含的任意字符。 例如：[^abc] 可以匹配"a""b""c" 3 个字符之外的任意字符 可以匹配"play"中的"p" 可以匹配"ball"中的"l" 可以匹配"come"中的"o"
[a-z]	中括号中包含一组相似的字符，匹配指定范围内的任意字符。 例如： [a-z] 可以匹配"a"到"z"范围内的任意小写字母字符 [A-Z] 可以匹配"A"到"Z"范围内的任意大写字母字符 [1-9] 可以匹配"1"到"9"范围内的任意数字字符
[^a-z]	字符范围前加"^"符号 (必须出现在最前面)，匹配不在指定范围内的任意字符。 例如： [^a-z] 可以匹配不在"a"到"z"范围内的任意字符

示例 8-8　代码清单如下：

```
let str = 'dabcd';
let re = /a[bde]c/;
console.log( re.test(str) );
```

结果输出 true。因为该正则表达式满足匹配项的是第一个字符"a"，第二个字符是"b""d""e"中的任一个字符，第三个字符是"c"，而该字符串 str 中存在"abc"，第一个字符是"a"，第二个字符是"b"，第三个字符是"c"，满足匹配条件，所以匹配成功，返回 true。

(3) 开始定位符 ^ 和结束定位符 $。

^：匹配目标字符串的最开始位置，就是规定匹配必须发生在目标字符串的开始处。"^"必须出现在正则表达式最前面才具有定位符的作用。例如，"^e"与"ear"字符串的第一个字符"e"匹配，但不与"head"中的字符"e"匹配，因为"head"中的字符"e"不在字符串的开始位置。

注："^"写在 [] 里面的最前面，代表排除的意思。

$：匹配目标字符串的结束位置，就是规定匹配必须发生在目标字符串的末尾处。"$"必须出现在正则表达式最后面才具有定位符的作用。例如，"o$"与"hello"字符串的最后一个字符"o"匹配，但不与"world"中的字符"o"匹配，因为"world"中的字符"o"不在字符串的末尾处。

示例 8-9　代码清单如下：

```
let str ="world";
let re = /^w[a-z]+d$/;
console.log( re.test(str) );
```

结果输出 true。该正则表达式可以匹配的开始字符是"w"，结束字符是"d"，中间是 1 位或多位的小写字母的字符串。而字符串 str 中的开始字符是"w"，结束字符是"d"，中间是三位小写字母的字符串，所以结果会弹出 true。

(4) 选择项 |。"|"字符用于分隔供选择的字符，表示"或"的关系，例如 /one|two|three/，能匹配字符串"one""two""three"三者中的任意一项。例如正则表达式 /^\d{15}|\d{18}$ / 能匹配 15 位数字或 18 位数字。选择项的匹配次序是从左到右，直到发现匹配项，就会忽略右边的匹配项。

(5) 分组 ()。() 内的内容表示一个子匹配项，只是把括号内的内容作为同一个子匹配项来处理，例如正则表达式 /(ab){1, 3}/ 表示"ab"一起连续出现最少 1 次，最多 3 次。如果"ab"没有用括号括起正则表达式 /ab{1, 3}/，就表示 a 和后面紧跟的 b，b 连续出现最少 1 次，最多 3 次。

子匹配项按照其在正则表达式模式中从左到右出现的顺序存储在缓冲区中，缓冲区从 1 开始编号。例如正则表达式 /(abc)(efg)(a)/ 中的第一个子匹配项 (abc) 编号为 1，第二个子匹配项 (efg) 编号为 2，第三个子匹配项 (a) 编号为 3。

子匹配项的另一个用途是允许在同一正则表达式的后部引用前面的子匹配项，这是通过在字符"\"后加一位或多位数字来实现的。这个数字指定了子匹配项在正则表达式中的位置，例如 \1 引用的是第一个子匹配项，\2 引用的是第二个子匹配项，以此类推。例如正则表达式 /(abc)(efg)(a)\2/ 匹配字符串"abcefgaefg"。

正则表达式中括号有多种作用，一种作用是把单独的项合成子表达式，以便可以像处理独立的单元那样，用" |""*""+"或者"?"等来对单元内的项进行处理。例如：

① (abc|bcd|cde) 表示这一段是 abc、bcd、cde 三组之一均可。

② (abc)? 表示这一组要么一起出现，要么不出现，出现则按此组内的顺序出现。

③ (?:abc) 表示找到 abc 这样一组，但不存储在缓冲区中供以后使用，例如正则表达式 /(aaa)(bbb)(ccc)(?:ddd)(eee)/ 中，存储在缓冲区中第四个子匹配捕获的内容是 (eee)，而不是 (ddd)。正则表达式 /(aaa)(bbb)(ccc)(?：ddd)(eee)\4/ 匹配的字符串是 'aaabbbcccdddeeeeee'。

④ a(?=bbb) 表示 a 后面必须紧跟 3 个连续的 b。

⑤ a(?!bbb) 表示 a 后面不能紧跟 3 个连续的 b。

8.5　正则表达式的常用标志字符

标志字符是正则表达式的标志信息，跟在正则表达式最后一个"/"之后，可以是以下标志字符的组合。

(1) i 用作忽略 (ignore) 大小写标志。使用正则表达式模式，对某个文本执行搜索和替换操作时，正则表达式默认是区分大小写的，如果设置了这个标志，进行匹配比较时，将忽略大小写。

示例 8-10　代码清单如下：

```javascript
const pattern = /hello/i;          //匹配 "hello", 不区分大小写
const text1 = 'Hello, World!';
const text2 = 'HELLO, world!';
const text3 = 'Hello, world!';
const text4 = 'Hi there!';
console.log(pattern.test(text1));  //输出：true, 匹配 "Hello"( 不区分大小写 )
console.log(pattern.test(text2));  //输出：true, 匹配 "HELLO"( 不区分大小写 )
console.log(pattern.test(text3));  //输出：true, 匹配 "Hello"( 不区分大小写 )
console.log(pattern.test(text4));  //输出：false, 不匹配 "Hi there!"
```

(2) g 用作全局 (global) 标志。使用正则表达式模式对某个文本执行搜索和替换操作时，正则表达式默认匹配成功就会结束，不会继续往下匹配。如果设置了这个标志，使用正则表达式模式对某个文本执行搜索和替换操作时，将对文本中所有匹配的部分起作用。

示例 8-11　代码清单如下：

```javascript
const pattern = /ab/g;    //匹配所有的 "ab"
const text = '1ab2ab3ab4ab';
const str = text.replace(pattern, 'cc');
console.log(str);          //输出：1cc2cc3cc4cc
```

8.6 字符串对象中与正则表达式有关的方法

字符串对象中与正则表达式有关的方法有 search()、match()、repace() 和 split()。

(1) search() 方法。search 方法是用正则表达式去匹配字符串，如果匹配成功，就返回匹配成功的位置，如果匹配失败，就返回 −1 。使用 search 方法的语法为：

字符串对象实例 .search(正则表达式)

示例 8-12 代码清单如下：

```
let str = 'abcdef';
let re = /B/i;
console.log( str.search(re) );
```

结果输出 1。因为正则表达式设置有"i"标志，忽略大小写，所以正则表达式匹配字符串 str 中的第 2 个字符"b"。因为位置从"0"开始编号，所以第二个字符位置编号为"1"。

(2) match() 方法。match 方法是用正则表达式去匹配字符串，如果匹配成功，将返回成功的数据，数据以数组的形式返回，如果匹配不成功，就返回 null 值。

使用 match 方法的语法如下：

字符串对象实例 . match(正则表达式)

示例 8-13 代码清单如下：

```
let str = 'haha123wawa54hahao33wawa789';
let re = /\d+/g;
console.log( str.match(re) );
```

返回结果是有 4 个元素 [123，54，33，789] 的数组。因为正则表达式 re 设置有全局"g"标志，所以正则表达式匹配字符串 str 中的所有匹配项。如果没有设置全局"g"标志，就返回只有一个元素 [123] 的数组。 此例中"+"的作用是可以匹配 1 位数字或任意多位数字。

(3) replace() 方法。replace 方法是用正则表达式去匹配字符串，把匹配成功的字符串替换成新的字符串，返回值为包含替换后的内容的字符串对象。

使用 replace 方法的语法如下：

字符串对象实例 .replace(正则表达式，新的字符串)

示例 8-14 代码清单如下：

```
let str = 'aaaddd';
let re = /a/g;
str = str.replace(re, 'b');
console.log(str);
```

结果输出"bbbddd"。如果把正则表达式改成 /a+/g，则结果输出"bddd"。

（4）split() 方法。split() 方法返回按照某种分割标记将一个字符串拆分成若干个子字符串时所产生的子字符串数组。

使用 split() 方法的语法如下：

> 字符串对象实例 .split([分割标记], [返回数组中元素的个数])

语法参数说明：分割标志符号参数可以是多个符号或者一个正则表达式，第二个可选参数是限制返回元素的个数。

示例 8-15 代码清单如下：

```
let str="219.159.198.136";
let reg=/\./;
let arr=str.split(reg, 3);
console.log( "数组中的元素如下所示:");
for(let i=0; i<arr.length; i++){
            console.log(arr[i]);
    }
```

在上述代码中，声明了一个字符串对象"219.159.198.136"和一个正则表达式"/\./"，该表达式提供了一个分割标志符号"."，使用 split() 方法对字符串进行分割，并且限制返回 3 个元素，执行程序在控制台窗口输出以下 4 行信息：

数组中的元素如下所示:

219

159

198

8.7   正则表达式的应用举例

1. 常用的正则表达式举例。

(1) 匹配中文：\^[\u4e00-\u9fa5]{0, }$\。

(2) 匹配行首行尾空格：/^\s*|\s*$/。

(3) 匹配空行：/^\s*$/。

(4) 匹配 E-mail：/^\w+@[a-z0-9]+(\.[a-z]+){1, 3}$/。

(5) 匹配邮政编码：/^ [1-9]\d{5}$ /。

(6) 匹配身份证：/^ [1-9]\d{17}|[1-9]\d{16}x$/。

(7) 匹配账号：在注册一些网站时，账号要求长度为 6 ～ 16 个字符，允许是字母、数字、下画线，但首字符要求是字母。正则表达式：/^[a-zA-Z][a-zA-Z0-9_]{5, 15}$/。

(8) 匹配密码：在注册一些网站时，密码要求以字母开头，长度在 6 ～ 18 之间，只能包含字母、数字和下画线。正则表达式：^[a-zA-Z]\w{5, 17}$。

2. 正则表达式在表单校验中的应用。

在 HTML5 高级表单中，pattern 属性用于验证 input 类型输入框，用户输入的内容是否与 pattern 属性所定义的正则表达式相匹配。pattern 属性用于指定一个正则表达式，只需要提供正则表达式的模式，不需要包含斜杠 (将正则表达式作为字符串提供，所以不包含斜杠)。

例如，在文本框中输入用户名，要求长度为 6 ～ 8 个字符，可使用字母、数字、下画线，需要以字母开头，文本框的 pattern 属性，验证输入的账号是否符合要求。

示例代码如下：

```
<input type="text" name="userName" pattern="^[a-zA-Z][a-zA-Z0-9_]{5, 7}$" />
```

8.8 基础练习

填空并上机验证答案。

1. let re = /\d+/g；等同于 let re = new RegExp(_____);

2. 程序代码如下，结果会输出 true。

```
let str = 'a.c';
let re =_____;
console.log(re.test(str));
```

3. 程序代码如下，输出_____

```
let str = 'adc';
let re = /ab?/;
console.log(re.test(str));
```

4. 程序代码如下，输出_____

```
let str = 'abc';
let re = /a[^bde]c/;
console.log ( re.test(str) );
```

5. 程序代码如下，输出_____

```
let str="onetwothree";
let re=/three$/;
console.log (re.test(str));
```

6. 程序代码如下，输出_____

```
let str = 'aaabbbcccbbb';
let re=/(aaa)(?: bbb)(ccc)\2/
console.log ( re.test(str) );
```

7. 程序代码如下，输出_____

```
let str = 'ab';
let re=/a(?: bbb)/
```

```
        console.log ( re.test(str) );
```

8. 程序代码如下，输出＿＿＿＿＿＿＿＿＿＿＿

```
    let str = 'ab';
    let re=/a(?!bbb)/
    console.log ( re.test(str) );
```

9. 程序代码如下：

```
    const re = /apple/ig;
    let str = 'This is an apple, That is an apple too';
    console.log (str.search(re));              //输出：① _____
    console.log (str.replace(re, 'orange'));   //输出：② _____
    console.log (str);                         //输出：③ _____
    console.log (str.match(re));               //输出：④ _____
    console.log (str.match(re).length);        //输出：⑤ _____
    let re = / /ig;
    console.log (str.split(re));               //输出：⑥ _____
```

10. 匹配 "football" 的正则表达式如下：

① let re = /f..tba../;   //. 匹配一个_____
② let re= /f.* tball/;   //* 匹配_____
③ let re = /f[a-zA-Z_]*tball/;   //[a-z]* 表示_____
④ let re = /f[^0-9]* tball/;   //[^0-9] 表示_____
⑤ let re = /[a-z][A-Z]+/;   //[A-Z]+ 表示_____
⑥ let re= /f\w* tball /;   //\w* 匹配_____
⑦ let re = /\D{8, }/;   //\D{8, } 匹配_____
⑧ let re = /^football$/;   //^ 从_____匹配, $ 从_____开始匹配
⑨ let re = /football \b/;   //\b 可以匹配_____
⑩ let re = /football|volleyball|baseball /;   //匹配_____

11. 在表单校验中，表单校验如图 8-1 所示，在该表单中的结构代码中填写 pattern 属性的值，满足各项的要求。

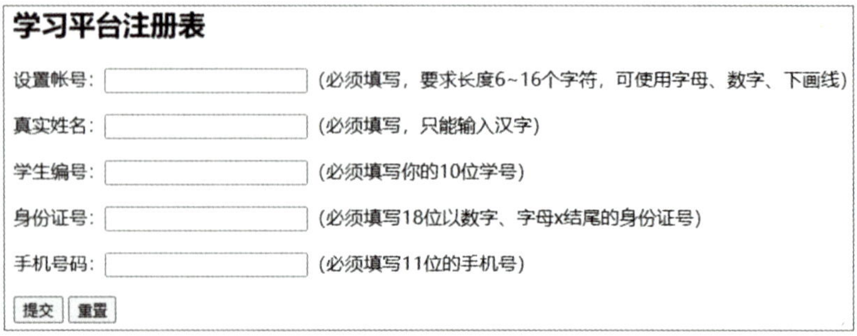

学习平台注册表

设置帐号：[＿＿＿＿＿]（必须填写，要求长度6~16个字符，可使用字母、数字、下画线）

真实姓名：[＿＿＿＿＿]（必须填写，只能输入汉字）

学生编号：[＿＿＿＿＿]（必须填写你的10位学号）

身份证号：[＿＿＿＿＿]（必须填写18位以数字、字母x结尾的身份证号）

手机号码：[＿＿＿＿＿]（必须填写11位的手机号）

[提交] [重置]

图 8.1　学习平台注册表

表单结构代码如下：

```
    <div id="register">
      <form action="#" method="get" autocomplete="off">
```

```
<h2> 学习平台注册表 </h2>
    <p> 设置账号：<input type="text" name="name"  pattern=" ①_____"
required/>( 必须填写，要求长度 6~16 个字符，可使用字母、数字、下画线 )</p>
    <p> 真实姓名：<input type="text" name="name"  pattern=" ②_____"
required />( 必须填写，只能输入汉字 )</p>
    <p> 学生编号：<input type="text" name="number" pattern=" ③_____"
required/>( 必须填写你的 10 位学号 )</p>
    <p> 身份证号：<input type="text" name="card" pattern=" ④_____"
 required />( 必须填写 18 位以数字、字母 x 结尾的身份证号 )</p>
    <p> 手机号码：<input type="tel" name="telphone" pattern=" ⑤_____"
required/>( 必须填写 11 位的手机号 )</p>
    <input type="submit" value="提交"/>
    <input type="reset" value="重置"/>
    </p>
    </form>
    </div>
```

8.9　动手实践

实验 12　密码安全等级判定

1. 实验目的

通过密码安全等级判定案例，学习和掌握 JavaScript 正则表达式的应用，加深对正则表达式的理解，并提高在实际场景中的应用能力。

2. 实验内容及要求

使用 JavaScript 编写一个密码安全等级判定的脚本，通过正则表达式判断密码的复杂度。

判定密码长度，是否包含小写字母、大写字母、数字和特殊字符，并根据判定结果输出密码的安全等级。密码安全等级计算方法如下：

(1) 密码长度：如果密码长度大于等于 8 个字符，则增加 1 个安全等级。

(2) 包含小写字母：如果密码中包含至少一个小写字母，则增加 1 个安全等级。

(3) 包含大写字母：如果密码中包含至少一个大写字母，则增加 1 个安全等级。

(4) 包含数字：如果密码中包含至少一个数字，则增加 1 个安全等级。

(5) 包含特殊字符：如果密码中包含至少一个特殊字符 (如 !@#$%^&*?_~-()），则增加 1 个安全等级。

安全级别分类如下：

(1) 极低 (等级为 0)：密码安全等级为极低，表示密码未达到任何安全标准，极易遭到破解。建议用户重新设置密码，并增加密码的安全性。

(2) 低 (等级为 1 或 2)：密码安全等级为低，表示密码强度较弱，存在一些风险。建议用户重新设置密码，并增加密码的安全性。

(3) 中 (等级为 3 或 4)：密码安全等级为中，表示密码强度较为一般，一定程度上保障了安全性。建议用户保持密码安全，避免泄露。

(4) 高 (等级为 5)：密码安全等级为高，表示密码强度较强，相对安全。建议用户保持密码安全，避免泄露。

3. 实验分析

该密码安全等级判定算法的核心是通过正则表达式判断密码的不同特征，从而计算安全等级。以下是对算法的分析：

(1) 获取用户输入：通过 prompt 函数获取用户输入的密码。

(2) 初始化安全等级变量：使用变量 level 初始化密码的安全等级，初始值为 0。这个变量将根据密码的特性逐步增加。

(3) 计算安全等级：使用一系列正则表达式判断密码的不同特性。

使用 password.length 判断密码长度是否大于等于 8，如果是，则将 level 增加 1。

使用正则表达式 /[a-z]/ 判断密码中是否包含至少一个小写字母，如果是，则将 level 增加 1。

使用正则表达式 /[A-Z]/ 判断密码中是否包含至少一个大写字母，如果是，则将 level 增加 1。

使用正则表达式 /\d+/ 判断密码中是否包含至少一个数字，如果是，则将 level 增加 1。

使用正则表达式 /.[!，@，#，$，%，^，&，*，?，_，~，-，(，)]/ 判断密码中是否包含至少一个特殊字符，如果是，则将 level 增加 1。

(4) 安全等级分类。根据 level 的值，输出相应的安全等级提示：

level === 0：密码的安全等级为极低。

level === 1 || level === 2：密码的安全等级为低。

level === 3 || level === 4：密码的安全等级为中。

level === 5：密码的安全等级为高。

4. 实验步骤

(1) 获取用户输入。

```
let password = prompt("请输入您的密码:");    //获取用户输入的密码
```

(2) 初始化安全等级变量。

```
let level = 0; // 初始化密码安全等级
```

(3) 计算安全等级。

```
if (password.length >= 8) {                    //判断密码长度
level++; //等级 +1
}
```

```
if (password.match(/[a-z]/)) {                    //判断是否包含小写字母
level++; //等级 +1
}
if (password.match(/[A-Z]/)) {                    //判断是否包含大写字母
level++; //等级 +1
}
if (password.match(/\d+/)) {                      //判断是否包含数字
level++; //等级 +1
}
if (password.match(/.[!, @, #, $, %, ^, &, *, ?, _, ~, -, (, )]/)) {  //判断是否包含特殊字符
level++; //等级 +1
}
```

(4) 判断密码安全程度。

```
if (level === 0) {
console.log(password + "的安全等级为 : 极低。请重新设置密码, 并增加密码安全性。");
} else if (level === 1 || level === 2) {
console.log(password + "的安全等级为 : 低。请重新设置密码, 并增加密码安全性。");
} else if (level === 3 || level === 4) {
console.log(password + "的安全等级为 : 中。请保持密码安全, 避免泄露。");
} else {
console.log(password + "的安全等级为 : 高。请保持密码安全, 避免泄露。");
}
```

5. 总结

通过本实验可以使用正则表达式对密码进行复杂度判定, 了解正则表达式在实际问题中的应用, 同时理解密码安全性的评估标准。本实验有助于提高对正则表达式的熟练程度。

6. 拓展

(1) 增加用户交互界面 : 创建一个更友好的用户交互界面, 使用 HTML 和 CSS 美化。

(2) 实现实时反馈功能 : 在用户输入密码时, 实时反馈密码的安全等级, 而不是等用户输入完成后再输出。

第9章 数学对象与日期对象

为使开发者能够更方便地处理与数学和时间相关的任务，JavaScript 提供 Math 对象和 Date 对象对数学运算和日期 / 时间操作的支持。

9.1 Math 对象

Math 对象用于执行数学任务，提供了一些基本的数学函数和常数。Math 对象的属性和方法都是静态的，通过 Math 对象直接访问它的属性和方法。例如：

```
const pi_value=Math.PI;
let sqrt_value=Math.sqrt(16);
```

9.1.1 Math 对象的属性

Math 对象包含的属性大都是数学计算中可能会用到的一些特殊值。Math 对象的属性如表 9-1 所示。

表 9-1 Math 对象的属性

属 性 名	说　　明
Math.E	自然对数的底数，即常量 e 的值
Math.LN10	10 的自然对数
Math.LN2	2 的自然对数
Math.LOG2E	以 2 为底 e 的对数
Math.LOG10E	以 10 为底 e 的对数
Math.PI	π 的值
Math.SQRT1_2	1/2 的平方根
Math.SQRT2	2 的平方根

9.1.2　Math 对象的方法

Math 对象的方法如表 9-2 ～表 9-4 所示。

表 9-2　乘方函数等

方 法 名	说　　明
Math.exp(num)	返回 Math.E 的 num 次幂
Math.log(num)	返回 num 的自然对数
Math.pow(num，power)	返回 num 的 power 次幂
Math.sqrt(num)	返回 num 的平方根

表 9-3　三角函数等

方 法 名	说　　明
Math.cos(x)	x 的余弦函数
Math.sin(x)	x 的正弦函数
Math.tan(x)	x 的正切函数
Math.acos(y)	x 的反余弦函数
Math.asin(y)	x 的反正弦函数
Math.atan(y)	x 的反正切函数

表 9-4　绝对值、随机数、舍入函数等

方 法 名	说　　明
Math.abs(num)	返回 num 的绝对值
Math.random()	产生从 0 到 1 的随机数，不包括 0 和 1
Math.round(x)	执行标准舍入，即总是将数值四舍五入为最接近的整数
Math.floor(x)	执行向下舍入，即总是将数值向下舍入为最接近的整数 (取最接近整数 x 并且比 x 小的数值)
Math.ceil(x)	执行向上舍入，即总是将数值向上舍入为最接近的整数 (取最接近整数 x 并且比 x 大的数值)
Math.min(a，b，c)	返回参数列表中最小的数值
Math.max(a，b，c)	返回参数列表中最大的数值

9.1.3　Math 对象的方法举例

(1) 舍入函数。

```
console.log(Math.round(6.4));          //输出：6
console.log(Math.floor(6.4));          //输出：6
console.log(Math.ceil(6.4));           //输出：7
```

(2) 最小最大值。

```
console.log(Math.min(45, 54, 48.6));   //输出：45
console.log(Math.max(45, 54, 48.6));   //输出：54
let arr=[100, 200, 50, 160, 800, 200]
console.log(Math.min(...arr));         //输出：50
console.log(Math.max(...arr));         //输出：800
```

(3) 随机数 random() 方法。

Math.random() 方法返回介于 0 ～ 1 之间一个随机数，不包括 0 和 1。如果需要生成一个在指定范围 [min, max) 内的随机整数，可以套用以下公式：

```
Math.floor(Math.random() * (max − min) + min)
```

例如，随机产生范围为 [1,24) 的一个整数，代码如下：

```
Math.floor(Math.random() * (24 − 1) + 1)
```

如果需要生成一个在指定范围 [min, max] 内的随机整数，可以套用以下公式：

```
Math.floor(Math.random() * (max − min + 1) + min)
```

例如，随机产生范围为 [3,24] 的一个整数，代码如下：

```
Math.floor(Math.random() * (24 − 3 + 1) + 3)
```

示例 9-1　模拟一款简易福利彩票"双色球"随机选号程序，设福利彩票"双色球"选号规则是"双色球"彩票投注区分为红色球号码和蓝色球号码。"双色球"每注投注号码由 6 个红色球号码（号码不重复）和 1 个蓝色球号码组成。红色球号码从 1 ～ 33 中选择；蓝色球号码从 1 ～ 16 中选择。实现代码如下：

```
function generateRandomNumbers() {
    const numbers = [];
    while (numbers.length < 6) {
    const randomNumber = Math.floor((Math.random() * 33) + 1);
        if (!numbers.includes(randomNumber)) {    //判断是否重复
        numbers.push(randomNumber);
      }
    }
    return numbers;
    }
    const redBalls= generateRandomNumbers();
```

```
const blueBall= Math.floor((Math.random() * 16) + 1);
console.log(`红色球号码是 : ${redBalls}`);
console.log(`蓝色球号码是 : ${blueBall}`);
```

9.2　Date 对象

Date 对象是 JavaScript 内置的对象，该对象可以表示从年到毫秒的所有日期和时间，并提供操作日期和时间的诸多方法。要使用 Date 对象的方法，必须先创建一个 Date 对象的实例对象。

 ### 9.2.1　用 Date 对象的构造函数创建日期实例对象

语法 1：new Date();

语法参数说明：没有带参数，会生成保存当前日期和时间的日期对象。

例如：

let myDate0 = new Date(); //生成的日期对象保存当前日期和时间为其初始值

语法 2：new Date(日期字符串);

语法参数说明：日期字符串格式为 "月 日，年" 或 "月 日，年 时：分：秒"。

例如：

let myDate1= new Date("5 1, 2023"); //按照日期字符串设置日期对象 , 即时间为 :
//2023 年 5 月 1 日 00 : 00 : 00

let myDate2= new Date("may 1, 2023 8: 25: 00"); //按照日期字符串设置日期对象 ,
//即时间为 : 2023 年 5 月 1 日 8 : 25 : 00

语法 3：new Date(年 , 月 , 日 ,[时 , 分 , 秒 , 毫秒]);

语法参数说明：

年：年份是一个四位整数，表示公元年。例如，2023 表示公元 2023 年。

月：取值范围为 0 ～ 11 之间的整数，0 表示一月，1 表示二月，以此类推，11 表示十二月。

日：取值范围为 1 ～ 31 之间的整数，表示一个月的日期。

时：取值范围为 0 ～ 23 之间的整数，表示一天中的小时。0 表示午夜，23 表示晚上 11 点。

分：取值范围为 0 ～ 59 之间的整数，表示小时内的分钟。

秒：取值范围为 0 ～ 59 之间的整数，表示分钟内的秒数。

毫秒：取值范围为 0 ～ 999 之间的整数，表示秒内的毫秒数。

[时 , 分 , 秒 , 毫秒] 是可选项。

例如：

let myDate3= new Date(2023, 5, 1, 8, 25, 0, 0); //根据指定的年月日时分秒设置对象，

//即时间为：2023 年 5 月 1 日 8 时 25 分 0 秒 0 毫秒

 ## 9.2.2   Date 对象的方法

Date 对象的方法有以下两种：

(1) 提取日期实例对象的属性值的方法。日期对象包括从年到毫秒等各种日期和时间信息，Date 对象提供获得这些信息的方法，如表 9-5 所示。

表 9-5   提取日期实例对象的属性值的方法表

日期实例对象调用方法	方法功能说明
日期实例对象.getDate()	返回日期实例对象的"日号"数，值为 1 ~ 31
日期实例对象.getDay()	返回日期实例对象的星期几，值为 0 ~ 6，其中 0 表示星期日，1 表示星期一，…，6 表示星期六
日期实例对象.getMonth()	返回日期实例对象的"月"数，值为 0 ~ 11，其中 0 表示1 月，2 表示3 月，…，11 表示12 月
日期实例对象.getFullYear()	返回日期实例对象的四位数字的年份数
日期实例对象.getHours()	从日返回日期实例对象的"小时"数，值为 0 ~ 23
日期实例对象.getMinutes ()	返回日期实例对象的"分钟"数，值为 0 ~ 59
日期实例对象.getSeconds()	返回日期实例对象的"秒"数，值为 0 ~ 59
日期实例对象.getMilliseconds()	返回日期实例对象的毫秒数
日期实例对象.getTime()	返回自 1970 年 1 月 1 日 0 点 0 分 0 秒算起，至日期实例对象代表的时间为止的毫秒数

示例 9-2   生成日期对象保存当前日期和时间，用表 9-5 的方法获取时间的各部分值。代码清单如下：

```
let today = new Date();
console.log("年:"+today.getFullYear());
console.log("月:"+(today.getMonth()+1));
console.log("日:"+today.getDate());
console.log("星期:"+today.getDay());
console.log("时:"+today.getHours());
console.log("分:"+today.getMinutes());
console.log("秒:"+today.getSeconds());
console.log("毫秒:"+today.getMilliseconds());
```

(2) 将日期转换成字符串的方法。日期转换成字符串的方法如表 9-6 所示。

表 9-6　日期转换成字符串的方法

日期实例对象调用方法	方法功能说明
日期实例对象.toLocaleString()	将日期实例对象转换成当地时间格式的字符串，返回值包括日期和时间，通常以 24 小时制显示
日期实例对象.toLocaleDateString()	将日期实例对象的日期部分转换成当地时间格式的字符串，返回值只包括日期，不包括时间
日期实例对象.toLocaleTimeString()	将日期实例对象的时间部分转换成当地时间格式的字符串，返回值只包括时间，不包括日期
日期实例对象.toGMTString()	将日期实例对象转换成 GMT 格林威治标准时间格式的字符串，通常以 24 小时制显示
日期实例对象.toString()	将日期实例对象转换成字符串
日期实例对象.toDateString()	将日期实例对象的日期部分转换成字符串，不包括时间

示例 9-3　生成日期对象保存当前日期和时间，并转换成表 9-6 的各种类型的字符串。代码清单如下：

```
let myDate = new Date();
console.log(myDate.toLocaleString());
console.log(myDate.toLocaleDateString()) ;
console.log(myDate.toLocaleTimeString());
console.log(myDate.toGMTString());
console.log(myDate.toString());
console.log(myDate.toDateString());
```

9.3　基础练习

填空并上机验证答案。

程序代码如下：

```
console.log(Math.min(21, 14, 13, 16, 33, 80, 10, 61, 23));
                                          //输出：①_____
console.log(Math.max(42, 77, 68, 38, 41, 91, 66, 0, 32));
                                          //输出：②_____
console.log(Math.round(8.9));             //输出：③_____
```

```
console.log(Math.round(8.5));        //输出：④_____
console.log(Math.round(8.1));        //输出：⑤_____
console.log(Math.floor(8.9));        //输出：⑥_____
console.log(Math.floor(8.5));        //输出：⑦_____
console.log(Math.floor(8.1));        //输出：⑧_____
console.log(Math.ceil(8.9));         //输出：⑨_____
console.log(Math.ceil(8.5));         //输出：⑩_____
console.log(Math.ceil(8.1));         //输出：⑪_____
```

9.4　动手实践

实验 13　显示系统时钟

1. 实验目的

熟练掌握 JavaScript 的 Date 对象的方法、定时器的使用，以及函数、表达式及基本语句的应用。

2. 实验内容及要求

制作一个简易时钟，日期时间显示格式及界面要求如图 9-1 所示。

```
2023年12月19日
星期二
20:44:3
```

图 9-1　时钟

3. 实验分析

(1) 结构分析。

时钟显示在一个盒子里，结构就是一个显示时间的盒子，用 <div> 标签定义。

(2) JavaScript 算法分析。

本实验模拟一款简易时钟，实现时钟的功能。实现此功能，要生成 Date 当前日期对象，利用 Date 对象的方法获取日期时间并转换成要求的时间显示格式，并赋值给显示时间的盒子 innerHTML 属性。页面加载后显示时钟，并且每秒刷新一次，需要设置定时器，才能够实时显示时间。

① 通过 id 号获取显示时间的 div 元素对象。

② 定义 showCurrentTime() 函数，生成 Date 当前日期对象，利用 Date 对象的方法获取日期时间并转换成要求的时间显示格式，再赋值给显示时间的盒子 innerHTML 属性。

③ 页面加载完执行 showCurrentTime() 显示时钟。

④ 设置定时器每隔 1000 ms 刷新时钟。

4. 实验步骤

(1) 制作页面结构。

在 \<body\>\</body\> 标签中加入显示时钟的盒子。

```
<body>
        <div id="time"></div>
</body>
```

(2) 添加 CSS 效果。

设置显示时钟的盒子的大小及背景，文字的大小、颜色及对齐。

```
<style>
#time{
        width: 300px;
        height: 150px;
        background-color: #000;
        font-size: 36px;
        text-align: center;
        color: #FFF; }
</style>
```

(3) 添加 JavaScript 代码。

① 通过 id 号获取显示时间的 div 元素对象。

```
oTime=document.getElementById("time"); //通过 id 号获取显示时间的 div 元素对象
```

② 定义 showCurrentTime() 函数。

```
function showCurrentTime(){ }
```

③ 在 showCurrentTime() 函数体中进行以下操作：

a. 定义日期对象 today。

```
let today = new Date();                    //定义日期对象
```

b. 利用 Date 对象的方法获取日期时间各部分，并把月和星期转换成中文日期字符。

```
let year = today.getFullYear();         //获取四位数的年
let month = today.getMonth()+1;        //获取月,月份数从 0 开始,所以 +1
let date = today.getDate();             //获取日
let day = today.getDay();               //获取星期几,其值范围为 0~6,分别代表周日至周六
switch(day)                             //将星期几的数字转换为中文的星期几
{
        case 0: day="星期日"; break;
        case 1: day="星期一"; break;
                    …
        case 6: day="星期六"; break;
        }
let hours = today.getHours();                //获取时
let minutes    = today.getMinutes();         //获取分
let seconds    = today.getSeconds();         //获取秒
```

c. 将日期时间各部分连接成显示格式要求的字符串。

```
let str= year+"年"+month+"月"+date+"日"
      +"<br />"+day+ "<br />"+
      hours+": "+minutes+": "+seconds;
```

d. 将日期按显示格式要求显示在时间的盒子中。

将 str 赋值给显示时间的 div 对象的 innerHTML 属性。

```
oTime.innerHTML=str;
```

④ 页面加载完立即显示时钟。

```
showCurrentTime();
```

⑤ 设置定时器每隔 1000 ms 刷新。

```
setInterval(showCurrentTime, 1000);     //定时刷新
```

至此，完成所有代码书写，保存后，在浏览器中预览、测试。

(4) JavaScript 整体代码展示如下：

```
<script>
let oTime=document.getElementById("time"); //通过 id 号获取显示时间的 div 元素对象
function showCurrentTime(){                 //定义 showCurrentTime 函数，实现获取
                                            //并显示当前时间

        let today=new Date();
        let year = today.getFullYear();     //获取四位数的年
        let month = today.getMonth()+1;     //获取月，月份数从 0 开始，所以 +1
        let date = today.getDate();         //获取日
        let day = today.getDay();           //获取星期几，其值范围为 0~6, 分别代表
                                            //周日至周六

        switch(day)                         //将星期几的数字转换为中文的星期几
            {
              case 0: day="星期日"; break;
              case 1: day="星期一"; break;
              case 2: day="星期二"; break;
              case 3: day="星期三"; break;
              case 4: day="星期四"; break;
              case 5: day="星期五"; break;
              case 6: day="星期六"; break;
            }
        let hours = today.getHours();           //获取时
        let minutes   = today.getMinutes();     //获取分
        let seconds   = today.getSeconds();     //获取秒
        let str= year+"年"+month+"月"+date+"日"
                      + "<br />"+day+ "<br />"+
                      hours+": "+minutes+": "+seconds;
        oTime.innerHTML=str;        //将时间字符串加入到 id=time 的元素中
```

```
        }
    showCurrentTime();                              //显示当前时间
    setInterval(showCurrentTime, 1000 );            //每隔 1 s, 重新获取并刷新时间
    </script>
```

5. 总结

(1) 本实验中的时钟，当时、分、秒小于 10 时，只显示 1 位数不够直观和美观。请把时间各部分按两位数来显示，当小于 10 时，在前面加 0，效果如图 9-2 所示。

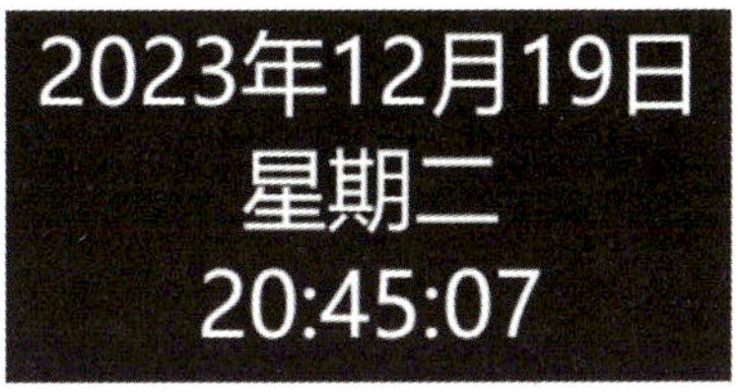

提示：定义一个函数，用来实现当一个数小于 10 时，在前面加 0。

图 9-2　时钟

```
function addZero( n ) {
    return n < 10 ?  '0' + n : '' + n;
}
```

(2) 本实验是提取日期时间各部分，然后分成三部分显示。使用日期对象的 toLocaleString() 方法、字符串的 replace () 方法和 substr() 方法完成图 9-3 所示的时钟。

图 9-3　时钟

实验 14　春节倒计时

1. 实验目的

熟练掌握 JavaScript 的 Date 对象的方法、定时器的使用，以及 Math 对象的方法、函数、表达式及基本语句的应用。

2. 实验内容及要求

本实验是一个倒计时的案例，日期时间显示格式及界面要求如图 9-4 所示。

图 9-4　倒计时

3. 实验分析

(1) 结构分析。

倒计时界面由 1 个标题和显示时间的 8 个文本框组成，标题用 <h3> 标签定义，文本框用 <input> 标签定义，整个倒计时的内容放在一个 <div> 定义的盒子中。

(2) JavaScript 算法分析。

求当前时间到结束 (未来) 时间的时间差值。定义一个当前时间变量，存放当前日期对象，定义一个结束时间对象并设置结束时间。利用 Date 对象的 getTime() 方法分别

获取当前时间变量和结束（未来）时间变量的毫秒数，并计算其时间差值，差值的单位是毫秒，将毫秒时间差数值转换为秒数。

将时间差值秒数转换成天数，然后将转换天数的余数秒数转换成小时数，再将转换小时数的余数秒数转换成分钟数。最后将数值分别赋值给显示时间的 input 元素对象的 value 值。设置定时器每秒刷新一次。

① 获取元素对象并定义当前时间变量和结束（未来）时间变量。

② 获取当前时间变量和结束（未来）时间变量的毫秒数，并计算差值。

③ 将差值转换成秒数，根据秒数分别计算天、小时、分钟、秒的数值。

④ 将天、小时、分钟、秒的数值分别赋值给对应的 input 对象。

⑤ 将上述实现的时间显示功能打包成函数 show()，利用定时器每秒执行该函数一次，刷新一次时间。

4. 实验步骤

(1) 制作页面结构。

```
<div>
<h3>——距离 2024 年春节还有——</h3>
<input type="text" value="0"/><input type="text" value="0"/> 天
<input type="text" value="0"/><input type="text" value="0"/> 小时
<input type="text" value="0"/><input type="text" value="0"/> 分
<input type="text" value="0"/><input type="text" value="0"/> 秒
</div>
```

(2) 添加 CSS 代码。

```
<style>
Div, h3{font-size: 36px; }
input{ width: 30px; height: 40px; background: #000;
              color: #FFF; text-align: center; font-size: 36px; }
</style>
```

(3) 添加 JavaScript 代码。

① 定义 show 函数。

```
function show(){}
```

② 在 show() 函数中进行以下操作：

a. 获取 input 元素对象。

```
aInput=document.getElementsByTagName("input");
```

b. 定义当前时间变量和结束时间变量。

```
let today=new Date();
let Endtime=new Date("2024/2/10, 00: 00: 00");    //生成未来的时间点日期对象
```

c. 获取当前时间变量和结束时间变量的毫秒数，并计算差值。

```
let now=today.getTime();                //1970 到现在的毫秒数
let end=Endtime.getTime();              //1970 到未来的时间点 11 月 11 日的毫秒数
```

```
let t=Endtime.getTime()-today.getTime();   //未来的时间点与现在时间点的时间差值
```

d. 将差值转换成秒数。

```
let seconds=Math.floor(t/1000);            //将时间差值毫秒数转为秒数
```

e. 根据秒数计算剩余天、小时、分钟、秒。

```
let day=Math.floor(seconds/60/60/24);      //计算距离的天数
let h=Math.floor(seconds/60/60%24);        //计算剩余小时
let m=Math.floor(seconds/60%60);           //计算剩余分钟
let s=seconds%60;                          //计算剩余秒
```

f. 将天、小时、分钟、秒的数值分别赋值给对应的 input 对象。

```
aInput[0].value=Math.floor(day/10);        //天数的十位数部分
aInput[1].value=day%10;                    //天数的个位数部分
aInput[2].value=Math.floor(h/10);          //小时的十位数部分
aInput[3].value=h%10;                      //小时的个位数部分
aInput[4].value=Math.floor(m/10);          //分钟的十位数部分
aInput[5].value=m%10;                      //分钟的个位数部分
aInput[6].value=Math.floor(s/10);          //秒的十位数部分
aInput[7].value=s%10;                      //秒的个位数部分
```

③ 利用定时器每秒刷新。

```
setInterval(show, 1000);
```

至此，完成所有代码书写，保存后，在浏览器中预览、测试。

(4) JavaScript 代码整体展示如下：

```
<script>
window.onload=function(){
    setInterval(show, 1000);
    function show(){
    let aInput=document.getElementsByTagName("input");
    let today=new Date();
    let Endtime=new Date("2024/2/10, 00: 00: 00"); //生成未来的时间点日期对象
    let now=today.getTime();                 //1970 到现在的毫秒数
    let end=Endtime.getTime();               //1970 到未来的时间点 11 月 11 日的毫秒数
    let t=Endtime.getTime()-today.getTime(); //未来的时间点与现在时间点的时间差值
    let seconds=Math.floor(t/1000);          //将时间差值毫秒数值转换成秒数
    let day=Math.floor(seconds/60/60/24);    //计算距离的天数
    let h=Math.floor(seconds/60/60%24);      //计算剩余小时
    let m=Math.floor(seconds/60%60);         //计算剩余分钟
    let s=seconds%60;                        //计算剩余秒
    aInput[0].value=Math.floor(day/10);      //天数的十位数部分
    aInput[1].value=day%10;                  //天数的个位数部分
    aInput[2].value=Math.floor(h/10);        //小时的十位数部分
```

```
        aInput[3].value=h%10;                //小时的个位数部分
        aInput[4].value=Math.floor(m/10);    //分钟的十位数部分
        aInput[5].value=m%10;                //分钟的个位数部分
        aInput[6].value=Math.floor(s/10);    //秒的十位数部分
        aInput[7].value=s%10;                //秒的个位数部分
        }
        };
    </script>
```

5. 总结

本实验学习了如何计算两个时间点的差值及时间数值的转换。

6. 拓展

(1) 增加自定义目标日期功能：允许用户自定义倒计时的目标日期，而不是硬编码在代码中，可以通过输入框或日期选择器实现。

(2) 增加提醒功能：在倒计时结束时添加声音提醒或闹钟效果，提醒用户时间到了。

(3) 增加新年祝福语功能：时间到了，在页面上显示"祝新年快乐，万事如意！"。

第 10 章　迭代器与生成器

JavaScript 引入迭代器 (Iterator) 和生成器 (Generator) 是为了提供更灵活、更方便处理集合数据 (例如数组、对象) 和异步编程的方式。

10.1　迭　代　器

10.1.1　迭代子

"迭代子"是一种软件设计模式，用于在不暴露数据结构内部细节的情况下，提供一种统一的方式来遍历聚合对象中的元素。这个模式可以访问一个聚合对象的元素，而不需要暴露其底层表示。这个模式通常涉及两个主要角色：迭代器和聚合对象。

(1) 迭代器：定义了访问和遍历元素的接口，包括获取下一个元素、判断是否还有元素等方法。

(2) 聚合对象：通常是一个集合类，例如数组 (Array)、集合 (Set)、映射 (Map) 等。

示例 10-1　代码清单如下：

```
function createIterator(items) { //定义迭代器
    var i = 0;
    return {
        next: function() {
            var done = (i >= items.length);
            var value = !done ? items[i++] : undefined;
            return {
                done: done,
                value: value
            };
        }
    };
```

```
}
const myArray=[1, 2, 3]                        //聚合对象
var iterator = createIterator(myArray);        //生成迭代器对象
console.log(iterator.next());                  //输出：{value: 1, done: false}
console.log(iterator.next());                  //输出：{value: 2, done: false}
console.log(iterator.next());                  //输出：{value: 3, done: false}
console.log(iterator.next());                  //输出：{value: undefined, done: true}
console.log(iterator.next());                  //输出：{value: undefined, done: true}
```

示例 10-1 演示了如何创建一个简单的迭代器对象来遍历一个数组 (myArray) 中的元素。以下是代码的详细解释：

(1) createIterator 函数定义了一个用于创建迭代器的函数。它接收一个参数 items，这个参数是一个数组，是要迭代的对象。

(2) 在 createIterator 函数内部，首先初始化一个变量 i，用于跟踪当前迭代到的数组元素的索引，初始值为 0。

(3) createIterator 函数返回一个包含 next 方法的对象。这个 next 方法用于执行迭代操作。

(4) 在 next 方法内部，首先检查是否已经迭代完整个数组，通过比较 i 和 items.length 的大小来判断。如果 i 大于或等于 items.length，则迭代完成，否则还有元素可以迭代。

(5) 如果迭代未完成 (即 done 为 false)，则将当前数组元素的值赋给 value，然后将 i 自增，以准备下一次迭代。

(6) next 方法返回一个包含 done 和 value 属性的对象，表示迭代的状态和当前迭代的值。

(7) 在主程序中，首先定义了一个名为 myArray 的数组，表示要迭代的聚合对象。

(8) 通过调用 createIterator(myArray) 创建了一个迭代器对象，并将其赋值给 iterator 变量。

(9) 通过多次调用 iterator.next() 方法来迭代数组元素。每次调用都会返回一个对象，其中包含了当前迭代的值和一个表示是否迭代完成的标志。

(10) 最后的两次调用输出了 {value:undefined,done:true}，表示数组已经全部迭代完成，没有更多的元素可供迭代。

 10.1.2　默认的迭代器协议

JavaScript 提供了默认的迭代器协议，使用 Symbol.iterator 符号来标识，这个协议定义了一个迭代器对象的接口，使得可迭代对象可以被迭代，实现迭代器协议的对象需要定义一个以 Symbol.iterator 为名称的方法。这个方法应该返回一个迭代器对象。

迭代器对象是一个具有 next() 方法的对象，该方法返回一个具有 value 和 done 属性的对象。value 表示当前迭代的值，done 表示是否完成了迭代。

示例 10-2　代码清单如下：

```javascript
const myIterable = {
  data: [1, 2, 3],
  [Symbol.iterator]: function() {
    let index = 0;
    const data = this.data;
    return {
      next: function() {
        if (index < data.length) {
          return {value: data[index++], done: false};
        } else {
          return {value: undefined, done: true};
        }
      }
    };
  }
};
for (const item of myIterable) {
  console.log(item); //输出：1 2 3
}
```

在示例 10-2 中，myIterable 对象定义了 Symbol.iterator 方法来返回一个迭代器对象，用于遍历数组中的元素。对象实现 Symbol.iterator 方法，这个方法返回一个迭代器对象，这种对象成为可迭代对象，myIterable 便是可迭代对象。

在 JavaScript 中，内置的数据结构 Array、String、Map、Set 都实现了默认的迭代器协议，这些数据结构生成的对象都是可迭代对象。

 ### 10.1.3　操作可迭代对象

在 ES2015 中，可以使用 for…of 语句和扩展运算符 (…) 来操作可迭代对象。for…of 语句用于遍历可迭代对象中的元素，提供了一种简洁的循环语法，示例 10-2 用 for…of 语句来遍历 myIterable 中的数据。扩展运算符展开可迭代对象中的元素，可以在数组字面量、函数参数等处使用，便于进行合并、复制和传递操作。

示例 10-3 代码清单如下：

```javascript
const arr1 = [1, 2, 3];
const arr2 = [4, 5, 6];
const combinedArray = [...arr1, ...arr2];
for(const item of combinedArray){
  console.log(item); //1 2 3 4 5 6
}
```

```
console.log(Math.max(…combinedArray)); //6
```

这段代码演示了如何使用扩展运算符将两个数组合并成一个新数组，并使用 for…of 循环遍历数组中的元素，以及如何使用扩展运算符来找出数组中的最大值。

10.2 生 成 器

生成器是 JavaScript 中一种强大的函数类型，它能够暂停和继续执行。生成器可以用来创建可迭代的对象，使得在每次迭代中能够动态地生成值。生成器的主要特点是能够在函数执行过程中多次暂停，并在需要时恢复执行。

10.2.1 生成器函数声明

生成器函数声明的语法如下：

```
function* 函数名 ( 参数 1, 参数 2, …){
//生成器函数体
    yield value1;
    yield value2;
    //…
[ return  value3; ]
}
```

生成器函数由关键字"function*" "函数名" "参数列表"和"函数体"四部分来定义。在函数体内，可以使用 yield 关键字来暂停函数的执行并指定生成器生成的值。

在生成器函数中，可以使用 return 语句来终止生成器的执行并返回一个最终的值。当生成器函数的执行到达 return 语句时，生成器会被标记为已完成，并且后续调用 next() 方法将不再执行生成器的代码，见示例 10-4。

10.2.2 生成器的工作原理

生成器是一种特殊类型的函数，其工作原理与普通函数有所不同。生成器的工作原理步骤如下：

(1) 生成器函数声明。

(2) 创建生成器对象：调用生成器函数将返回一个生成器对象，这个对象实际上是一个迭代器。生成器对象具有 next()、return() 和 throw() 方法，用于控制生成器的执行。

(3) 执行生成器函数：当调用生成器函数时，函数内部的代码并不会立即执行，而是会返回一个生成器对象，此时生成器函数的代码尚未开始执行。

(4) 迭代生成器：调用生成器对象的 next() 方法会开始执行生成器函数，代码会一直执行到遇到第一个 yield 关键字。此时，生成器会暂停执行，并将 yield 后面的值返回给调用者。

（5）暂停和恢复：每次调用生成器的 next() 方法，函数将从上一次 yield 的位置继续执行，直到遇到下一个 yield 或函数结束。每次生成器暂停执行时，当前的局部状态都会被保留。

（6）生成器结束：当生成器函数执行到末尾或遇到 return 语句时，生成器会被标记为已完成，后续调用 next() 方法将不再执行生成器的代码。

（7）使用 return() 方法和 throw() 方法：使用生成器对象的 return() 方法来终止生成器并返回一个最终值，使用 throw() 方法在生成器内部抛出异常并捕获处理。

示例 10-4 代码清单如下：

```
function* numberGenerator() {    //声明生成器函数
  yield 1;
  yield 2;
  return 3; //使用 return 语句终止生成器并返回值 3
  yield 4;  //这里的代码不会执行
}
const generator = numberGenerator();       //创建生成器对象
console.log(generator.next().value);       //输出：1
console.log(generator.next().value);       //输出：2
console.log(generator.next().value);       //输出：3
console.log(generator.next().value);       //输出：undefined
```

示例 10-4 代码执行过程解释如下：

（1）function* numberGenerator(){}：定义生成器函数 numberGenerator。

（2）const generator = numberGenerator()：创建一个 numberGenerator 的生成器对象赋给 generator，generator 便是一个生成器对象。

（3）console.log(generator.next().value)：调用生成器对象的 next() 方法，生成器函数从头开始执行。执行到第一个 yield 语句，生成器产生值 1，并在此处暂停。next().value 返回 1，并被 console.log 输出。

（4）console.log(generator.next().value)：继续调用 next() 方法，生成器继续执行，执行到第二个 yield 语句，生成器产生值 2，并在此处暂停。next().value 返回 2，并被 console.log 输出。

（5）return 3：使用 return 语句终止生成器函数并返回值 3。需要注意的是，这里的 return 语句会导致生成器函数在此处终止，后面的代码不会再执行。

（6）console.log(generator.next().value)：继续调用 next() 方法，由于生成器函数已经终止，不会再执行任何代码，返回的值为 undefined。next().value 返回 undefined，并被 console.log 输出。

综上所述，示例 10-4 的代码演示了生成器函数的工作方式：使用 yield 语句可以在多个时刻产生值，并通过多次调用 next() 方法来依次获取这些值。通过 return 语句可以终止生成器函数的执行，并返回一个最终值。

示例 10-5　代码清单如下：

```javascript
function* numberGenerator() {            //声明生成器函数
 yield 1;
 yield 2;
}
const generator = numberGenerator();     //创建生成器对象
console.log(generator.next().value);     //输出：1
console.log(generator.return(42).value); //输出：42
console.log(generator.next().value);     //输出：undefined
```

示例 10-5 的代码执行过程解释如下：

(1) 前 3 条语句解释与示例 10-4 相同，此处略。

(2) console.log(generator.return(42).value)：调用生成器对象的 return() 方法，传入参数 42，return() 方法会立即终止生成器，并返回传入的值 42。return(42).value 返回 42，并被 console.log 输出。

(3) console.log(generator.next().value);：继续调用 next() 方法，由于生成器函数已经被终止，不会再执行任何代码，返回的值为 undefined。next().value 返回 undefined，并被 console.log 输出。

 ### 10.2.3　生成器的应用

生成器在 JavaScript 中有许多实际应用案例，它们能够解决各种问题，包括惰性计算、异步流程控制等。

示例 10-6 模拟了在电商平台查看用户订单商品的过程实现。首先获取用户名，然后获取该用户的订单，有了订单后就可以获取该订单的商品。因数据从数据库服务器获取需要时间，在此用定时器来模拟。

示例 10-6　代码清单如下：

```javascript
//获取用户
function getUser(){
    setTimeout(()=>{
        let data="Tom"
        console.log(data);
        iterator.next(data)
    }, 1000)
  }
//获取用户的订单
function getOrder(user){
    setTimeout(()=>{
        let data=`${user} 的订单 `
        console.log(data);
```

```
          iterator.next(data)
        }, 1000)
      }
  //获取订单的商品
  function getGoods(order) {
    setTimeout(
      ()=>{
        let data=`${order} 的商品 `
        console.log(data);
        iterator.next()
      }, 1000)
      }
  //声明生成器函数
  function * gen(){
    console.log('执行了');
    let user=yield getUser();
    let order=yield getOrder(user);
    yield getGoods(order);
   }
  //调用生成器函数 , 生成生成器对象
  let iterator=gen();
  iterator.next(); //next() 方法开始执行生成器函数
```

程序运行后，在控制台中输出以下 4 行信息：

```
执行了
Tom
Tom 的订单
Tom 的订单的商品
```

示例 10-6 演示了一个使用生成器函数和异步操作来处理一系列任务的例子。代码中的每个函数模拟一个异步操作，而生成器函数 gen 则组织这些异步操作的执行流程。代码的执行过程解释如下：

(1) gen 生成器函数被声明，其中包含 3 个 yield 表达式，分别用于调用异步操作函数，并在操作完成后恢复生成器的执行。

(2) let iterator = gen()：创建了一个生成器对象 iterator，用于控制生成器函数的执行流程。

(3) iterator.next()：调用生成器对象的 next() 方法，启动生成器函数的执行。生成器函数的执行在第一个 yield 处暂停，也就是在 gen 生成器函数内部的 yield getUser(); 处暂停。

(4) getUser() 函数开始执行异步操作，模拟获取用户数据。在异步操作完成后，它调用了 iterator.next(data) 来恢复生成器函数的执行，并将获取到的用户数据传递给生成器。

(5) 生成器函数在第一个 yield 处恢复执行，将获取到的用户数据赋值给变量 user，然后继续执行下一个 yield。

(6) 下一个 yield 是 yield getOrder(user)，它调用了 getOrder(user) 函数，并在获取订单数据后恢复生成器函数的执行。

(7) 以此类推，最终生成器函数的执行会经过 3 个异步操作：获取用户、获取订单和获取商品。

示例 10-6 通过适时地使用 yield 来暂停和恢复生成器的执行，能够以更清晰、更有序的方式组织异步操作，使代码更易于理解和维护。

10.3　基础练习

填空题。

1. 迭代器是一种用于遍历数据集合的对象，它可以通过调用_____方法来逐步获取集合中的元素。

2. 使用扩展运算符 (...) 可以将数组中的元素 _____ 到另一个数组中。

3. 给定两个对象：const obj1 = { x:1，y:2 }；const obj2 = { z:3 }；使用扩展运算符合并这两个对象属性，创建一个新的对象 const combinedObj =_____。

4. 给定以下函数 sum 和数组 numbers，调用 sum 函数，参数为 numbers 数组里的值。

```
function sum(a, b, c) {
  return a + b + c;
}
const numbers = [1, 2, 3];
const result = sum(_____);
```

5. 给定数组：const colors = ['red','green','blue']；请编写代码，使用 for...of 循环遍历 colors 数组，并打印输出每个颜色。

_____

6. 生成器是一种特殊的函数，用于生成可迭代对象。生成器函数使用 _____ 关键字进行声明，并在函数体内部使用_____语句来指定每次生成的值。

7. 生成器函数中的 _____语句用于暂停生成器函数的执行，并将指定的值返回给调用方。

8. 读程序填空。

```
function* range(start, end, step) {
  for (let i = start; i <= end; i += step) {
    yield i;
  }
}
```

```
    }
    const numbers = range(1, 10, 2);
    for (const num of numbers) {
        console.log(num);
    }
```

上述代码片段是做什么的：_____。

它会输出什么内容：_____。

9. 假设有一个数组 numbers，包含一些整数。请编写一个函数 calculateSum，该函数接收一个数组作为参数，并使用迭代的方式计算数组中所有元素的和，并返回计算结果，请补全以下实现代码。

```
    const numbers=[10, 20, 30]
    function calculateSum(value){

    _____

    _____

    _____

    }
    console.log(calculateSum(_____));
```

10.4　动手实践

实验 15　随机密码生成器

1. 实验目的

理解生成器函数的概念和用法，学习实践生成器函数的声明和内部执行机制，理解如何使用 yield 语句在不同时刻产生值，并了解生成器函数与普通函数的区别。

2. 实验内容及要求

设计一个随机密码生成器，界面要求如图 10-1 所示。

实现一个随机密码生成器，生成包含大小写字母、数字和特殊字符的随机密码。具体要求如下：

(1) 创建一个生成器函数 randomPasswordGenerator，该函数可以生成一个指定长度的随机密码。

(2) 随机密码应包含大小写字母、数字和特殊字符 (例如：!@#$%^&*())。

(3) 在生成密码时，每个字符都从可选字符集中随机选择。

(4) 请尽量使生成的密码具有一定的复杂性和随机性。

图 10-1　随机密码生成器界面效果图

3. 实验分析

(1) 结构分析。

随机密码生成器显示在一个盒子 div 里，盒子里分三部分，上面是标题 h2，中间是一个表单 form，下面也可以是一个盒子 div 或段落 p。

(2) JavaScript 算法分析。

在设计随机密码生成器的算法时，我们的目标是从一个指定的字符集中随机选择字符，并生成指定长度的随机密码。以下是一个简单的算法分析：

① 创建一个包含所有可能字符的字符集，包括小写字母、大写字母、数字和特殊字符。

② 获取用户输入的密码长度 passwordLength。

③ 循环 passwordLength 次，每次循环生成一个随机索引 randomIndex，范围从 0 到 charset.length−1。从字符集中取出位于 randomIndex 位置的字符，把字符添加到生成的密码中。

④ 返回生成的随机密码。

4. 实验步骤

(1) 制作页面结构。

在 <body></body> 标签对中加入显示的随机密码生成器盒子。

```
<body>
  <div id="container">
    <h2> 随机密码生成器 </h2>
    <form id="passwordForm">
      <label for="passwordLength"> 密码长度：</label>
        <input type="number" id="passwordLength" name="passwordLength" min="1" max="100">
      <button type="submit"> 生成密码 </button>
    </form>
```

```
        <p id="result"> 生成的随机密码 : <span id="password"></span></p>
      </div>
    </body>
```

(2) 添加 CSS 效果。

① 设置页面样式，页面上的内容在页面居中显示。

```
body {
    background-color: #f7f7f7; margin: 0; display: flex; justify-content: center;
    align-items: center; min-height: 100vh;
}
```

② 设置显示随机密码生成器盒子样式。

```
#container {
    background-color: #ffffff; border-radius: 8px;
    box-shadow: 0 2px 4px rgba(0, 0, 0, 0.1); padding: 20px;
}
```

③ 设置标题样式。

```
#container h2{text-align: center; border-bottom: #007bff 1px solid;}
```

④ 设置按钮样式。

```
#container button {
    background-color: #007bff; color: #ffffff; border: none;
    padding: 10px 20px; border-radius: 4px; cursor: pointer;
}
```

⑤ 设置显示已生成密码行样式。

```
#result {margin-top: 20px;}
```

(3) 添加 JavaScript 代码。

① 获取要操作的元素对象。

```
const passwordForm = document.getElementById('passwordForm'); //获取表单元素
const passwordOutput = document.getElementById('password');    //获取显示密码的元素
```

② 声明生成随机密码生成器函数。

这个生成器函数接收一个密码长度作为参数。它使用一个字符集 charset，通过循环逐步生成指定长度的随机密码字符。

```
function* randomPasswordGenerator(length) {
    const charset = 'abcdefghijklmnopqrstuvwxyzABCDEFGHIJKLMNOPQRSTUVWX
YZ0123456789!@#$%^&*()';
    for (let i = 0; i < length; i++) {
        const randomIndex = Math.floor(Math.random() * charset.length);
        yield charset[randomIndex];
    }
}
```

③ 为表单添加 submit 事件。

```
passwordForm.addEventListener('submit', function (event) {
    event.preventDefault(); //阻止了表单的默认提交行为
    const passwordLength = parseInt(document.getElementById('passwordLength').
value); // 获取密码长度并转为整数
    const passwordGenerator = randomPasswordGenerator(passwordLength);
                                //创建一个密码生成器对象
    const randomPassword = Array.from(passwordGenerator).join('');
                                    //将从密码生成器中生成的密码字符转换为数组，并使
用 join('') 方法将数组中的字符连接成一个字符串
    passwordOutput.textContent = randomPassword;
});
```

5. 总结

通过完成本实验深入理解生成器函数的工作原理，掌握使用 HTML 和 CSS 创建简单的交互界面，以及运用 JavaScript 处理用户输入和生成随机密码。同时注意密码长度越长、越复杂（包含大小写字母、数字和特殊字符的组合），密码的安全性越高。

6. 拓展

(1) 增加一个显示密码强度的功能：根据生成的密码，实时显示密码的强度，帮助用户了解密码的安全程度。

(2) 增加一个让用户自定义密码字符集的功能：允许用户自定义密码的字符集，以便生成满足特定需求的密码。

第 11 章　Map 与 Set

　　JavaScript 引入 Map 和 Set 是为了提供更灵活、更高效的数据结构，使得开发者能够更灵活、更高效地处理各种数据。

11.1　Map

　　Map 是一种用于存储键值对的数据结构。Object(对象) 也是存储键值对的数据结构，但 Map 有一些特性使其在某些场景下更加适用。Map 的特性如下：

　　(1) 键的类型：在 Map 中，键可以是任意数据类型，包括基本类型 (如字符串、数字) 和对象 (包括函数、数组等)。而在对象中，键只能是字符串或符号 (symbol)。

　　(2) 键值对的数量：Map 可以容纳任意数量的键值对，而对象的属性数量有限。

　　(3) 保留插入顺序：Map 会保留插入键值对的顺序，这在需要按照插入顺序迭代键值对时非常有用。

　　(4) 迭代和遍历：Map 提供了内置的迭代方法 keys()、values() 和 entries() 来遍历键、值以及键值对。Object 可以通过 for...in 循环来遍历属性，但是属性的遍历顺序不确定。

　　(5) 迭代：Map 具有默认的迭代器，可以直接使用 for...of 循环来遍历它们，也可以使用扩展运算符 (...) 进行展开操作。

　　(6) 性能：在插入和查找操作的性能上，Map 在某些情况下可能比对象更好，尤其是当键值对数量较大时。

11.1.1　创建 Map 实例对象

　　使用 Map 构造函数创建 Map 实例对象，语法为：
　　　　new Map([iterable])
　　其中 iterable 参数可选，是一个可迭代对象，用来初始化 Map 的实例对象。以下是两种常见的创建 Map 实例对象的方式：

　　(1) 使用 set 方法逐个添加键值对。使用 Map 构造函数来创建一个空的 Map 对象，然后逐个添加键值对。

示例 11-1　代码清单如下：

```
const myMap = new Map();                          //创建 Map 对象赋值给 myMap 变量
myMap.set('爱国', '民族精神的核心');               //添加键值对，键是字符串类型
myMap.set({name: '张三', age: 18}, '优秀学生');    //添加键值对，键是对象类型
const date1 = new Date('2024-01-01');
myMap.set(date1, '新年开始')                        //添加键值对，键是日期类型
```

(2) 使用键值对数组（可迭代对象）。通过传递一个键值对的数组给 Map 构造函数来创建 Map 对象。

示例 11-2　代码清单如下：

```
const initData = [
  ['科技创新', '科技创新是国家繁荣发展的动力源泉，推动社会进步。'],
  ['信息社会', '信息技术的发展推动了社会从工业社会向信息社会的转变。']
];
const myMap = new Map(initData);
```

(3) 使用对象。使用 Object.entries() 方法将对象转换为键值对数组（可迭代对象），然后传递给 Map 构造函数来创建 Map 对象。

示例 11-3　代码清单如下：

```
const myObject = {
  key1: 'value1',
  key2: 'value2'
};
const myMap = new Map(Object.entries(myObject));
```

11.1.2　遍历 Map(for…of)

Map 具有默认的迭代器，可以直接使用 for…of 循环来遍历它们，当使用 for…of 遍历 Map 时，它会遍历 Map 的键值对，并将每个键值对都分配给一个变量，可以通过解构赋值的方式来分别获取键和值。

示例 11-4　代码清单如下：

```
const Values = new Map();
Values.set('虚怀若谷', '胸怀像山谷那样深而且宽广，形容十分谦虚。');
Values.set('慎终如始', '谨慎收尾，如同开始时一样，指始终要谨慎从事。');
Values.set('俭故能广', '指平素俭省，所以能够富裕。');
for (const [key, value] of Values) {
        console.log(`Key: ${key}, Value: ${value}`);
}
```

程序运行后，在控制台中输出：

```
Key：虚怀若谷，Value：胸怀像山谷那样深而且宽广，形容十分谦虚。
Key：慎终如始，Value：谨慎收尾，如同开始时一样，指始终要谨慎从事。
```

Key：俭故能广，Value：指平素俭省，所以能够富裕。

在这个示例中，for...of 循环遍历了 Map 中的每一个键值对，并使用解构赋值将键赋给 key 变量，将值赋给 value 变量。

 11.1.3　Map 实例对象的属性

Map 实例对象的 size 属性用于返回键值对的数量。

示例 11-5　代码清单如下：

```
const m1 = new Map([['a', 111], ['b', 222]])
console.log(m1.size); //输出：2
```

 11.1.4　Map 实例对象的方法

Map 实例对象的方法包括操作键值对的方法和 Map 内置的遍历方法。

(1) 操作键值对的方法。操作键值对的方法有以下 4 种：

① map.set(key，value)：添加和修改元素，将键值对添加到 map 中，如果键已存在，则更新对应的值。

② map.get(key)：获取元素，返回指定键对应的值，如果键不存在，则返回 undefined。

③ map.delete(key)：删除元素，删除指定键及其对应的值，返回布尔值表示是否成功删除。map. clear() 为清空 map 中的所有键值对。

④ map.has(key)：判断键是否存在，返回一个布尔值，表示指定的键是否存在于 map 中。

示例 11-6　代码清单如下：

```
//① 创建一个空的 Map 实例对象
const myMap = new Map();
//② 添加键值对到 myMap 中
myMap.set("name", "张三");
myMap.set("age", 25);
myMap.set("country", "中国");
//③ 获取指定键的值
const myName = myMap.get("name");              //返回 "张三"
const age = myMap.get("age");                  //返回 25
//④ 判断键是否存在
const hasCountry = myMap.has("country");       //返回 true
const hasGender = myMap.has("gender");         //返回 false
//⑤ 删除指定键及其对应的值
const deleted = myMap.delete("age");           //返回 true, 删除了键 "age"
const notDeleted = myMap.delete("gender");     //返回 false, "gender" 不存在
//⑥ 清空 Map 中的所有键值对
```

```
myMap.clear();
const isEmpty = myMap.size === 0;                 //返回 true, Map 已清空
```

在示例 11-6 中，首先创建了一个空的 Map 对象 myMap，然后依次使用了 set、get、has、delete 和 clear 方法来操作这个 Map 对象的键值对。这些方法能够添加、获取、判断、删除和清空 Map 实例对象中的数据。

(2) Map 内置的遍历方法。Map 内置的遍历方法有以下 4 种：

① entries()：返回一个包含所有键值对的可迭代对象，可以通过 for...of 循环遍历键值对。

② keys()：返回一个包含所有键的可迭代对象，可以通过 for...of 循环遍历键。

③ values()：返回一个包含所有值的可迭代对象，可以通过 for...of 循环遍历值。

④ forEach(callbackFn)：使用回调函数遍历每个键值对，回调函数接收 3 个参数，即 value、key、map。

这些方法可以方便地遍历 map 中的键值对、键或值。

示例 11-7　代码清单如下：

```javascript
const myMap = new Map();
myMap.set("name", "张三");
myMap.set("age", 30);
myMap.set("city", "北京");
//① 使用 entries() 遍历键值对
console.log(" ① 使用 entries() 遍历键值对 :");
for (const [key, value] of myMap.entries()) {
  console.log(`Key: ${key}, Value: ${value}`);
}
//② 使用 keys() 遍历键
console.log("② 使用 keys() 遍历键 :");
for (const key of myMap.keys()) {
  console.log(`Key: ${key}`);
}
//③ 使用 values() 遍历值
console.log("③ 使用 values() 遍历值 :");
for (const value of myMap.values()) {
  console.log(`Value: ${value}`);
}
//④ 使用 forEach(callbackFn) 遍历键值对
console.log("④ 使用 forEach(callbackFn) 遍历键值对 :");
myMap.forEach((value, key) => {
  console.log(`Key: ${key}, Value: ${value}`);
});
```

程序运行后，在控制台中输出：

① 使用 entries() 遍历键值对

Key：name，Value：张三

Key：age，Value：30

Key：city，Value：北京

② 使用 keys() 遍历键：

Key：name

Key：age

Key：city

③ 使用 values() 遍历值

Value：张三

Value：30

Value：北京

④ 使用 forEach(callbackFn) 遍历键值对

Key：name，Value：张三

Key：age，Value：30

Key：city，Value：北京

输出包含键值对、键、值的遍历结果，这些方法提供了不同的遍历方式，可以根据需要选择使用。

 11.1.5　Map 转换为数组

将 Map 转换为数组，可以使用 Array.from(map) 方法或者使用扩展运算符 [...map]。这将使得 Map 的键值对以数组元素的形式存储在新的数组中。

(1) 使用 Array.from(map) 转换。

示例 11-8　代码清单如下：

```
const myMap = new Map([
  ['key1', 'value1'],
  ['key2', 'value2'],
  ['key3', 'value3']
]);
const mapToArray = Array.from(myMap);
console.log(mapToArray); // 输出：[ ['key1', 'value1'], ['key2', 'value2'], ['key3', 'value3'] ]
```

(2) 扩展运算符 [...map] 转换。

示例 11-9　代码清单如下：

```
const myMap = new Map([
  ['key1', 'value1'],
  ['key2', 'value2'],
  ['key3', 'value3']
]);
const mapToArray = [...myMap];
console.log(mapToArray); // 输出：[ ['key1', 'value1'], ['key2', 'value2'], ['key3', 'value3'] ]
```

11.1.6　Map 与对象的转换

在使用 Map 和对象时，有时需要在两者之间进行转换。Map 和对象各有其优势和适用场景，因此在不同需求下进行转换是常见的操作。

(1) 将 Map 转换为对象。使用 Object.fromEntries() 方法将 Map 转换为对象。

示例 11-10　代码清单如下：

```
const myMap = new Map([
    ['name', '张三'],
    ['age', 20],
    ['city', '北京']
    ]);
const mapToObject = Object.fromEntries(myMap);
console.log(mapToObject); //输出：{ name: '张三', age: 20, city: '北京' }
```

(2) 将对象转换为 Map。使用 Object.entries() 方法将对象转换为键值对数组，然后通过 Map 构造函数创建 map 对象。

示例 11-11　代码清单如下：

```
const myObject = {name: '张三', age: 25, city: '北京'};
const objectToMap = new Map(Object.entries(myObject));
console.log(objectToMap); //输出: Map(3) {'name' => '张三', 'age' => 25, 'city' => '北京'}
```

11.2　Set

Set 是 JavaScript 中的一种数据结构，它是一种集合，用于存储一组不重复的值。与数组的主要区别是 Set 中存放的元素是唯一的，不允许重复，元素是无序的（每个元素都是平等的），没有索引等，可见 Set 中的元素是互斥的，但它们又是平等地存在于 Set 中，每个元素都有其独特价值。Set 还具有包容性，它与数组一样可以存放不同类型的数据。

 11.2.1　创建 Set 实例对象

使用 Set 构造函数创建 Set 的实例对象，语法为：

```
new Set([iterable])
```

其中 iterable 参数可选，是一个可迭代对象，用来初始化 Set 的实例对象。以下是两种常见的创建 Set 实例对象的方式：

(1) 用 add() 方法向 Set 中添加元素。先创建一个空的 Set 对象实例对象，然后逐个添加元素。

示例 11-12　代码清单如下：

```
const mySet = new Set();
mySet.add(1);              //添加元素
mySet.add(2);              //添加元素
console.log(mySet);        //输出：Set(2) { 1, 2 }
```

(2) 使用可迭代对象。可以将一个可迭代对象 (如数组) 传递给构造函数来初始化 Set 的实例对象。

示例 11-13　代码清单如下：

```
const myArray = [1, 2, 3, 4, 4];
const mySet = new Set(myArray);
console.log(mySet);        //输出：Set(4) { 1, 2, 3, 4 }
```

在示例 11-13 中，mySet 包含的值都是唯一的，为 [1，2，3，4]，数组中的两个 4 保留了一个，因为 Set 对象要求保持元素的唯一性。

11.2.2　遍历 Set

Set 是迭代对象，可以直接使用 for...of 循环来遍历它们。

示例 11-14　代码清单如下：

```
const mySet = new Set([1, 2, 3]);
for (const value of mySet) {
  console.log(value);
}
```

程序运行后，在控制台中输出：

```
1
2
3
```

11.2.3　Set 的属性

Set 实例对象的 size 属性返回 Set 实例对象中元素的数量。

示例 11-15　代码清单如下：

```
const mySet = new Set([1, 2, 3, 4]);
console.log(mySet.size); //输出：4
```

11.2.4　Set 的方法

为了有效地操作和遍历 Set 中的元素，Set 提供了一系列专用的方法。

(1) 操作元素的方法。操作元素的方法有以下 4 种：

① add(value)：向 Set 实例中添加一个新的元素，如果该元素已经存在，则不会重复添加。

② delete(value)：从 Set 实例中删除指定元素，如果元素不存在，则不会报错。

③ has(value)：判断 Set 实例中是否存在指定元素，返回一个布尔值。

④ clear()：清空 Set 实例中的所有元素。

示例 11-16　代码清单如下：

```javascript
//① 创建一个新的 Set 实例
const uniqueNumbers = new Set();
//② 使用 add 方法向 Set 中添加元素
uniqueNumbers.add(5);
uniqueNumbers.add(10);
uniqueNumbers.add(15);
//③ 使用 has 方法判断元素是否存在
console.log(uniqueNumbers.has(10));        //输出：true（表示有该元素）
console.log(uniqueNumbers.has(20));        //输出：false（表示没有该元素）
//④ 使用 delete 方法删除元素
uniqueNumbers.delete(10);
//⑤ 使用 clear 方法清空所有元素
uniqueNumbers.clear();
//⑥ 添加新元素
uniqueNumbers.add(25);
//⑦ 打印 Set 的元素数量
console.log(uniqueNumbers.size);           //输出：1
```

在示例 11-16 中，首先创建了一个名为 uniqueNumbers 的 Set 实例；然后使用 add 方法向 Set 中添加了 3 个不同的数字；接着使用 has 方法判断一个元素是否存在于 Set 中，并使用 delete 方法删除一个元素；之后，使用 clear 方法清空了 Set 中的所有元素；最后，又添加了一个新元素，并使用 size 属性查看 Set 的元素个数。

(2) Set 内置的遍历方法。Set 内置的遍历方法有以下 4 种：

① keys()：返回一个包含 Set 实例中所有元素的键（值和键相同）的可迭代对象。

② values()：返回一个包含 Set 实例中所有元素的值的可迭代对象。

③ entries()：返回一个包含 Set 实例中所有元素的键值对的可迭代对象，键和值相同。

④ forEach(callbackFn，thisArg)：遍历 Set 实例中的每个元素，对每个元素执行回调函数 callbackFn。回调函数 callbackFn 接收 3 个参数，分别为 value、key 和 set。thisArg 可选，用于指定回调函数中的 this 值。

示例 11-17　代码清单如下：

```javascript
const classics = new Set(['红楼梦', '水浒传', '三国演义', "西游记"]);
//① 使用 keys 方法遍历键（值和键相同）
console.log(" ①使用 keys 方法遍历键（值和键相同）");
for (const key of classics.keys()) {
    console.log(key);
```

```
    }
    //② 使用 values 方法遍历值
    console.log(" ②使用 values 方法遍历值 ");
    for (const value of classics.values()) {
        console.log(value);
    }
    //③ 使用 entries 方法遍历键值对
    console.log("③ 使用 entries 方法遍历键值对 ");
    for (const entry of classics.entries()) {
        console.log(entry);
    }
    //④ 使用 forEach 方法遍历每个元素
    console.log(" ④使用 forEach 方法遍历每个元素 ");
    classics.forEach((value, key, set) => {
        console.log(`Key: ${key}, Value: ${value}`);
    });
```

程序运行后，在控制台中输出：

① 使用 keys 方法遍历键 (值和键相同)

红楼梦

水浒传

三国演义

西游记

② 使用 values 方法遍历值

红楼梦

水浒传

三国演义

西游记

③ 使用 entries 方法遍历键值对

['红楼梦', '红楼梦']

['水浒传', '水浒传']

['三国演义', '三国演义']

['西游记', '西游记']

④ 使用 forEach 方法遍历每个元素

Key：红楼梦，Value：红楼梦

Key：水浒传，Value：水浒传

Key：三国演义，Value：三国演义

Key：西游记，Value：西游记

在示例 11-17 中，首先创建了一个名为 classics 的 Set 实例；然后使用 keys 方法遍历键，使用 values 方法遍历值，使用 entries 方法遍历键值对；最后使用 forEach 方法遍历每个元素，并输出键和值。需要注意的是，Set 实例的键和值相同。

11.2.5　Set 转换为数组

使用 Array.from() 或扩展运算符 (…) 可以将 Set 转换为数组。

示例 11-18　代码清单如下：

```
const mySet = new Set([1, 2, 3]);
const myArray1 = Array.from(mySet);      //使用 Array.from() 方法
const myArray2 = [...mySet];             //使用扩展运算符
console.log(myArray1);                   //输出数组：[1, 2, 3]
console.log(myArray2);                   //输出数组：[1, 2, 3]
```

11.2.6　Set 对象的应用

Set 对象在实际应用中有多种用途，下面是一些常见的应用场景。

(1) 去重：Set 对象的最主要应用是用于去除数组或其他数据结构中的重复元素。

示例 11-19　代码清单如下：

```
const numbers = [1, 2, 3, 4, 2, 3, 5];
const uniqueNumbers = [...new Set(numbers)]; //先把数组转成 Set, 然后转成数组
console.log(uniqueNumbers);               //输出：[1, 2, 3, 4, 5]（已去掉重复元素）
```

(2) 集合运算：Set 可以进行交集、并集、差集等集合运算。

示例 11-20　代码清单如下：

```
const set1 = new Set([1, 2, 3]);
const set2 = new Set([2, 3, 4]);
const union = new Set([...set1, ...set2]);              //set1 与 set2 的并集
const intersection = new Set([...set1].filter(item => set2.has(item)));
                                                        //set1 与 set2 的交集
const difference = new Set([...set1].filter(item => !set2.has(item)));
                                                        //set1 与 set2 的差集
console.log(union);                        //输出：Set(4) { 1, 2, 3, 4 }
console.log(intersection);                 //输出：Set(2) { 2, 3 }
console.log(difference);                   //输出：Set(1) { 1 }
```

示例 11-20 的代码解释如下：

① 首先，set1 和 set2 分别是两个 Set 实例，分别包含元素 [1，2，3] 和 [2，3，4]。

② union 是两个 Set 的并集，通过使用扩展运算符 (…) 将两个 Set 的元素合并到一个新的数组中，然后用这个数组来创建新的 Set。由于 Set 的特性，重复元素会被自动去重。

③ intersection 是两个 Set 的交集。首先将 set1 转换成数组，然后使用 filter 方法遍历 set1 中的每个元素，使用 set2.has(item) 来检查这个元素是否存在于 set2 中。如果存在，则保留在交集中。

④ difference 是两个 Set 的差集。同样使用 filter 方法遍历 set1 中的每个元素，但这次使用 !set2.has(item) 来检查元素是否存在于 set2 中，从而保留在差集中。

(3) 判断元素是否存在：使用 Set 可以高效地判断元素是否存在。

示例 11-21　代码清单如下：

```
const mySet = new Set(['apple', 'banana', 'orange']);

const hasBanana = mySet.has('banana');

console.log(hasBanana);            //输出：true
```

11.3　基 础 练 习

1. 读程序填空。

```
//创建一个 map 对象存放学生的成绩

const studentScores = new Map([['张三', 85], ['李四', 92]]);

//① 添加学生王小明的成绩 78 到 studentScores

studentScores._____;

//② 获取李四的分数

const lisiScore = studentScores._____;

console.log(`李四的分数是：${lisiScore}`);

//③ 判断是否有学生李红的分数记录

const hasLiHong = studentScores._____;

console.log(`是否有 Bob 的分数记录：${hasLiHong}`);

//④ 获取有多少个学生的

const numStudents = studentScores._____;

console.log(`学生人数：${numStudents}`);

//⑤ 删除李四学生的分数记录

studentScores._____;

//⑥ 列出所有学生的姓名和成绩

studentScores.forEach(_____);

//⑦ 删除所有分数记录

studentScores._____;

console.log('所有分数记录已清空。');
```

2. 给定对象 myObj，将其转换成 Set 类型的实例。

```
const myObj = {a: 1, b: 2, c: 3};

const mySet = new Set(_____);
```

3. 给定以下 Map 对象，计算并打印出所有水果的价格总和。

```
const prices = new Map([
```

```
 ['apple', 2.0],
 ['banana', 1.5],
 ['grape', 3.2]
]);
let totalPrice = 0;
_____
console.log(`所有水果的价格总和为：_____`);
```

11.4 动手实践

实验 16 集合运算

1. 实验目的

理解 Set 集合的基本概念、Set 对象的使用，通过编写函数熟练运用 Set 对象的方法，实现集合的并集、交集和差集，提升编写函数的能力。

2. 实验内容及要求

实现以下集合运算功能的函数：

① 计算并集的函数 union：接收两个 Set 对象作为参数，返回两个集合的并集。

② 计算交集的函数 intersection：接收两个 Set 对象作为参数，返回两个集合的交集。

③ 计算差集的函数 difference：接收两个 Set 对象作为参数，返回第一个集合减去第二个集合的差集。

3. 实验分析

(1) 并集：包含两个集合中的所有不同元素。编写函数将两个 Set 对象的元素合并，确保结果中没有重复元素。

(2) 交集：包含同时存在于两个集合中的元素。编写函数找到两个 Set 对象共同的元素。

(3) 差集：包含存在于第一个集合中但不存在于第二个集合中的元素。编写函数找到第一个 Set 对象中除去与第二个 Set 对象共同元素的所有元素。

4. 实验步骤

(1) 创建 Set 集合。

创建两个 Set 对象，用于进行集合运算。可以使用以下代码：

```
let set1 = new Set([1, 2, 3, 4, 5]);
let set2 = new Set([3, 4, 5, 6, 7]);
```

(2) 编写并集函数。

```
function union(set1, set2) {
  let result = new Set(set1);
  set2.forEach(element => {
    result.add(element);
  });
  return result;
}
let unionSet = union(set1, set2);
console.log("并集 :", unionSet);
```

(3) 编写交集函数。

```
function intersection(set1, set2) {
  let result = new Set();
  set1.forEach(element => {
    if (set2.has(element)) {
      result.add(element);
    }
  });
  return result;
}
let intersectionSet = intersection(set1, set2);
console.log("交集 :", intersectionSet);
```

(4) 编写差集函数。

```
function difference(set1, set2) {
  let result = new Set(set1);
  set2.forEach(element => {
    result.delete(element);
  });
  return result;
}
let differenceSet = difference(set1, set2);
console.log("差集 :", differenceSet);
```

5. 总结

本实验实现了计算集合的并集、交集和差集的基本功能，用 Set 数据结构简化了操作。

6. 拓展

请给程序加上操作界面，在操作界面上输入两个集合，并在界面上给出这两个集合的并集、交集及差集。

第 12 章　类

JavaScript 中引入类 (class) 是为了提供一种结构化、面向对象的编程方式。ECMAScript 6(ES6) 标准中引入了类的语法糖，可使开发者方便地使用面向对象的编程模式。在引入类之前，JavaScript 使用的是原型继承，它基于原型链的机制，虽然灵活，但有时难以理解和使用。

12.1　面向对象编程的相关概念

面向对象编程的相关概念如下：

(1) 类 (class)。类是用于创建对象的模板或蓝图，描述了对象的属性和方法。

(2) 对象 (object)。对象是类的实例，具有类定义的属性和方法。它是现实世界中的实体或概念在程序中的表示。

(3) 属性 (properties)。属性是对象的特征，用于存储数据。例如，一个人的对象可能有姓名、年龄、性别等属性。

(4) 方法 (methods)。方法是对象的行为，它定义了对象可以执行的操作。例如，一个人的对象可能有吃饭、睡觉、工作等方法。

(5) 构造函数 (constructor)。构造函数是一个特殊的方法，用于创建和初始化对象。当创建对象时，构造函数会被调用。

(6) 继承 (inheritance)。继承是一种机制，允许一个类 (子类) 继承另一个类 (父类) 的属性和方法，同时子类通过重写或添加新的方法形成新的特色，类似于新一代既传承了前人的优良传统，又有自身的创新。

(7) 封装 (encapsulation)。封装是一种将对象的属性和方法组合在一起，限制外部访问直接修改对象内部状态的机制。

(8) 多态 (polymorphism)。多态允许不同的对象对同一方法做出不同的响应。子类可以重写父类的方法，以适应自身的特性。

12.2 JavaScript 中的类 class

在 JavaScript 中，class 是一种实现面向对象编程的机制，能够定义对象的属性和方法，并创建基于这些定义的实例。

具体来说，class 定义一个包含属性和方法的"类"，然后使用该类的构造函数创建类的实例。每个实例都具有类定义的属性和方法，从而实现数据和行为的封装。

12.2.1 类的声明与实例化类

类声明的基本语法如下：

```
class ClassName {
    constructor(/*形参列表*/) {
        //构造函数, 用于初始化对象
    }
    method1() {
        //方法 1
    }
    method2() {
        //方法 2
    }
    // …
}
```

其中：class 关键字用于定义一个新的类；constructor 为构造函数，在创建对象时会被调用，以初始化对象的属性。在类的内部定义了多个方法，这些方法将成为实例的行为(方法)。

一旦有了类声明，就可以使用 new 关键字创建类的实例对象，其语法如下：

```
const instance = new ClassName(/*实参列表*/);
```

示例 12-1 代码清单如下：

```
class Person {
    constructor(name, age) {
        this.name = name;
        this.age = age;
    }
    greet() {
        console.log(`你好, 我是 ${this.name}, 今年 ${this.age} 岁.`);
    }
}
```

```
    }
    const person1 = new Person('张三', 25);
    const person2 = new Person('李四', 30);
    person1.greet(); //输出：你好，我是张三，今年 25 岁.
    person2.greet(); //输出：你好，我是李四，今年 30 岁.
```

示例 12-1 的代码展示了如何使用 class 创建一个名为 Person 的类，并创建两个 Person 类的实例 person1 和 person2。代码解释如下：

(1) class Person {...}：这是使用 class 关键字定义的一个名为 Person 的类。在类的大括号内部，定义了构造函数和一个 greet() 方法。

(2) constructor(name，age) {...}：这是 Person 类的构造函数。构造函数在创建 Person 类的实例时被调用，它接收两个参数 name 和 age，并将它们赋值给实例的属性 this.name 和 this.age。

(3) greet(){...}：这是 Person 类的方法，用于输出一个问候语，包含实例的姓名和年龄。在方法内部，我们使用模板字符串将属性值插入到字符串中。

(4) const person1 = new Person(' 张三',25)：这行代码创建了一个名为 person1 的 Person 类实例。其中，" '张三'" 作为 name 参数，"25" 作为 age 参数。构造函数将在这里被调用，将 name 和 age 分别赋值给 person1 实例的属性。

(5) const person2 = new Person(' 李四',30)：这行代码创建了一个名为 person2 的 Person 类实例。其中，"'李四'" 和 "30" 作为参数。

(6) person1.greet()：这是调用 person1 实例的 greet() 方法，将"你好，我是张三，今年 25 岁."输出到控制台。

(7) person2.greet()：这是调用 person2 实例的 greet() 方法，将"你好，我是李四，今年 30 岁." 输出到控制台。

通过这个简单的示例，可以看到如何使用 class 创建类，使用 new 创建类的实例，以及如何通过类的实例来访问这些方法。

12.2.2　继承、封装、多态

面向对象有三大特性：封装、继承和多态。这三个概念已在 12.1 节介绍过，下面通过示例讲述这三个特性。

示例 12-2　代码清单如下：

```
class Animal {
    constructor(name) {
        this.name = name;
    }
    speak() {
        console.log(`${this.name} 发出声音.`);
    }
}
```

```
class Dog extends Animal {
  constructor(name, age) {
    super(name);
    this.age=age
  }
  speak() {
    console.log(`${this.name} 汪汪声.`);
  }
}
class Cat extends Animal {
  constructor(name, age) {
    super(name)
    this.age=age
  }
  speak() {
    console.log(`${this.name} 喵喵声.`);
  }
}
const dog = new Dog('旺财狗', 5);
const cat = new Cat('吉祥猫', 6);
dog.speak();        //输出：旺财狗 汪汪声.
cat.speak();        //输出：吉祥猫 喵喵声.
```

示例 12-2 首先定义了一个 Animal 基类，它有一个属性 name 和一个方法 speak()；然后，创建了该基类的两个子类 Dog 和 Cat，它们继承了基类的属性和方法，并分别重写了 speak() 方法，以展示不同的行为。

示例 12-2 中继承、封装和多态的体现如下：

(1) 继承。class Animal {…} 定义了基类 Animal，子类 Dog 和 Cat 继承了这个基类。class Dog extends Animal {…} 和 class Cat extends Animal {…} 显示了子类继承基类的语法。

(2) 封装。在基类 Animal 中，属性 name 是被封装的，因为它不会直接暴露给外部，只能通过构造函数进行初始化。

在基类 Animal 中，方法 speak() 也是被封装的，因为它提供了对象的行为，但不会直接暴露内部逻辑。

(3) 多态。在子类 Dog 和 Cat 中，它们都重写了基类 Animal 的 speak() 方法，展示了多态的概念。虽然方法名相同，但不同的子类实现了不同的行为。

12.2.3　super、static 关键字

super 关键字可以用来调用父类的方法和构造函数。

static 关键字可修饰类中定义的静态方法和属性。这些方法和属性不需要创建类的实例即可访问。静态方法常用于实用工具函数，而静态属性用于存储与类相关的常量或配置。需要注意的是，类才能调用静态方法。

　　下面通过示例来讲述如何在类中定义静态方法和属性，以及如何在子类中调用父类的方法和构造函数。假设构建一个电子商务平台，包含一个基类 Product(代表商品) 以及两个子类 Electronics 和 Clothing。

　　示例 12-3　代码清单如下：

```javascript
class Product {
    constructor(name, price) {
        this.name = name;
        this.price = price;
    }
    getDescription() {
        return `产品 : ${this.name}, 单价 : ${this.price}`;
    }
    static getTaxRate() {
        return 0.1;   //10% 的税率 ( 假设 )
    }
}
class Electronics extends Product {
    constructor(name, price, brand) {
        super(name, price);
        this.brand = brand;
    }
    getDescription() {
        return `${super.getDescription()}, 品牌 : ${this.brand}`;
    }
}
class Clothing extends Product {
    constructor(name, price, size) {
        super(name, price);
        this.size = size;
    }
    getDescription() {
        return `${super.getDescription()}, 尺码 : ${this.size}`;
    }
}
const cellphone = new Electronics('手机', 3999, '华为');
const skirt= new Clothing('旗袍', 699, 'M');
```

```
console.log(cellphone.getDescription());    //输出：产品：手机，单价：3999,品牌：华为
console.log(skirt.getDescription());        //输出：产品：旗袍，单价：699,尺码：M
console.log(Product.getTaxRate());          //输出：0.1
```

在示例 12-3 中，首先，创建了一个基类 Product，包含属性 name 和 price，以及方法 getDescription() 和静态方法 getTaxRate()。

然后，创建了基类 Product 的两个子类 Electronics 和 Clothing，它们分别继承了基类 Product 的属性和方法，并重写了 getDescription() 方法。在子类的构造函数中，使用 super(name，price) 调用了父类的构造函数，以子类初始化时继承父类的属性。在子类的 getDescription() 方法中，使用 super.getDescription() 调用了父类的方法，添加了子类特有的信息 (品牌或尺码)。

最后，创建了一个 Electronics 类的实例 cellphone 和一个 Clothing 类的实例 skirt，并分别调用它们的 getDescription() 方法来获取产品描述。同时，通过调用 Product. getTaxRate() 静态方法来获取税率。

12.2.4　get 和 set 方法

get 和 set 是用于创建对象属性的特殊方法，它们分别定义了对象属性的访问行为和赋值行为，以控制对象属性的访问和修改。当获取属性的值时，get 方法会被自动调用；当为属性赋值时，set 方法会被自动调用。

示例 12-4　代码清单如下：

```
class Circle {
    constructor(radius) {
        this.radius = radius;          //实例属性
    }
    //使用 get 方法定义属性的访问行为
    get diameter() {
        return this.radius * 2;
    }
    //使用 set 方法定义属性的赋值行为
    set diameter(newDiameter) {
        this.radius = newDiameter / 2;
    }
    //静态属性
    static defaultColor = 'red';
}
const circle = new Circle(5);
console.log(circle.radius);            //输出：5
console.log(circle.diameter);          //输出：10 ( 自动调用 get 方法 )
```

```
circle.diameter = 14;                    //自动调用 set 方法
console.log(circle.radius);              //输出：7 (radius 被修改)
console.log(Circle.defaultColor);        //输出：red (静态属性，通过类来访问)
```

示例 12-4 创建了一个 Circle 类，它包含了用于操作半径和直径属性的 get 和 set 方法。通过这些方法，可以在获取和设置属性时执行自定义的逻辑。此外，示例 12-4 还定义了一个静态属性 defaultColor，静态属性是类的属性，而不是实例的属性，可以通过类本身来访问。

 12.2.5　类的私有属性和方法

ES6 引入了一种定义类的私有属性和方法的方式，即在字段或方法名前加上符号 #。这些字段和方法将成为类的私有成员，只能在类的内部访问，外部无法直接访问它们，这增加了封装性，确保了数据的隐私性。

示例 12-5　代码清单如下：

```
class Person {
  #name; //定义私有字段
  constructor(name) {
    this.#name = name; //初始化私有字段
  }
  getName() {
    return this.#name; //类内部可以访问私有字段
  }
  #privateMethod() {
    return "这是一个私有方法";
  }
  callPrivateMethod() {
    return this.#privateMethod();
  }
}
const person = new Person("张三");
console.log(person.getName());              //输出：张三
console.log(person.callPrivateMethod());    //输出：这是一个私有方法
console.log(person.#name);                  //无法直接访问私有字段
console.log(person.#privateMethod());       //无法直接调用私有方法
```

在示例 12-5 中，"#name" 是一个私有字段，只能在类的内部访问。类外部无法直接访问私有字段，但可以通过公有方法来间接访问私有字段的值，同样私有方法可以通过公有方法来间接调用。

12.3　基础练习

1. 填空题。

(1) 类的定义由关键字_____开始，后面跟着类的名称。

(2) 对于类中的特殊方法，用于创建对象时进行初始化的是 _____方法。

(3) 在类中定义的函数被称为 _____，用于对对象执行特定操作。

(4) 类中可以定义的静态方法由关键字 _____修饰。

(5) 使用关键字_____来表示在类中引用实例自身。

(6) 在子类中调用父类的构造函数时，使用关键字_____。

2. 程序题。

(1) 创建类和实例化。

首先，创建一个名为 Car 的类，其具有以下属性和方法。

属性：

　　brand: 品牌 (字符串)

　　model: 型号 (字符串)

方法：

getDescription()：返回一个描述字符串，格式为"品牌 型号"。

然后，创建两个 Car 类的实例，并调用它们的 getDescription() 方法。

(2) 继承和方法重写。

首先，在上述 Car 类的基础上创建一个名为 ElectricCar 的子类，继承自 Car 类。为 ElectricCar 类添加一个新的属性，即

　　batteryCapacity: 电池容量 (数字 , 表示千瓦时)

同时，重写 ElectricCar 类的 getDescription() 方法，已在描述中包含电池容量信息。

然后，创建一个 ElectricCar 类的实例，并调用其 getDescription() 方法。

12.4　动手实践

实验 17　设计社区公益活动参与者管理系统

1. 实验目的

掌握面向对象编程的相关概念以及类的创建和使用方法，熟练应用 Map 和 Set 数据类型。

2. 实验内容及要求

设计一个社区公益活动参与者管理系统。该系统需要满足以下需求：能够记录参与者信息 (id、姓名)，可查询参与者参与过的活动，可创建、查询活动信息等。

3. 实验分析

1) 数据结构分析

使用 Map 和 Set 数据结构能够高效地存储和管理参与者的活动信息。

2) 面向对象编程

使用面向对象编程的概念将系统和参与者分别抽象成类。

4. 实验步骤

(1) 创建参与者类。

```
class Participant {
  constructor(id, name) {
    this.id = id;
    this.name = name;
    //使用 Set 存储参与过的志愿服务活动
    this.participationHistory = new Set();
  }
  //记录参与的志愿活动
  addParticipation(activityName) {
    this.participationHistory.add(activityName);
  }
  //获取参与过的志愿服务活动
  getParticipationHistory() {
    return Array.from(this.participationHistory);
  }
}
```

(2) 创建系统类。

```
class CommunityActivityManager {
  constructor() {
    //使用 Map 存储参与者信息，键为参与者 id，值为参与者对象
    this.participants = new Map();
    //使用 Set 存储志愿服务活动信息
    this.activities = new Set();
  }
  //添加参与者
  addParticipant(participantId, participantName) {
    if (!this.participants.has(participantId)) {
```

```
    //如果参与者不存在，则创建新的参与者对象
    const participant = new Participant(participantId, participantName);
    this.participants.set(participantId, participant);
  }
}
//添加活动
addActivity(activityName) {
  this.activities.add(activityName);
}
//记录参与者参与活动的历史
recordParticipation(participantId, activityName) {
  if (this.participants.has(participantId) && this.activities.has(activityName)) {
    //获取参与者对象
    const participant = this.participants.get(participantId);
    //记录参与历史
    participant.addParticipation(activityName);
  }
}
//查询参与者的参与历史
getParticipantHistory(participantId) {
  if (this.participants.has(participantId)) {
    //获取参与者对象
    const participant = this.participants.get(participantId);
    return participant.getParticipationHistory();
  } else {
    return "参与者不存在";
  }
}
//查询所有活动
getAllActivities() {
  return Array.from(this.activities);
}
}
```

(3) 使用系统。

```
const manager = new CommunityActivityManager();
//添加参与者
manager.addParticipant(1, "张三");
manager.addParticipant(2, "李四");
//添加活动
```

```
manager.addActivity("走访慰问社区孤寡老人");
manager.addActivity("清理垃圾 美化环境");
//参与者参与活动
manager.recordParticipation(1, "走访慰问社区孤寡老人");
manager.recordParticipation(2, "清理垃圾 美化环境");
manager.recordParticipation(1, "清理垃圾 美化环境");
//查询参与者参与过的活动
console.log("张三参与过的志愿服务活动 :", manager.getParticipantHistory(1));
console.log("李四参与过的志愿服务活动 :", manager.getParticipantHistory(2));
//查询所有活动
console.log("所有志愿服务活动 :", manager.getAllActivities());
```

5. 总结

本实验使用了面向对象编程，运用了 Map 和 Set 数据类型。

6. 拓展

尝试使用 HTML 和 CSS 创建一个简单的用户界面，使用户能够更直观地与系统交互。

第13章 代理与反射

JavaScript 语言的发展是渐进的，一开始它是一种简单的脚本语言，主要用于在浏览器中实现一些基本的交互。随着 Web 应用程序的复杂性和规模的增长，开发者需要更灵活的工具来处理对象的行为。代理 (Proxy) 和反射 (Reflect) 提供了一种在运行时动态操作对象的方式，使得代码能够更加灵活地适应变化的需求。

13.1 代　　理

代理是 JavaScript 的一个重要特性，用来创建一个对象，该对象用于代理另一个对象，从而控制对另一个对象的访问和操作。代理可以用来拦截和自定义对对象的属性访问、赋值、删除等操作，以及对对象的其他行为进行监控和控制。代理可以用于实现拦截、验证、虚拟属性等。

(1) 创建代理对象。使用 Proxy 构造函数来创建代理对象。Proxy 构造函数接收两个参数：目标 (target) 对象和处理程序 (handler) 对象。目标对象是拦截的对象，处理程序定义了拦截的操作和自定义逻辑。语法如下：

```
const target = {};          //目标对象
const handler = {};          //处理程序对象
const proxy = new Proxy(target, handler); //创建代理对象
```

(2) 拦截操作。处理程序定义了一组方法，用于拦截各种操作。以下是常见的拦截操作：

get(target, property)：当访问属性时被调用。

set(target, property, value)：当设置属性时被调用。

has(target, property)：当使用 in 操作符检查属性是否存在时被调用。

apply(target, thisArg, argumentsList)：当调用函数时被调用。

construct(target, argumentsList, newTarget)：当使用 new 关键字创建对象时被调用。

示例 13-1　演示代理拦截对象的属性操作，代码清单如下：

```
const target = {};
const handler = {
```

```
  get(target, property) {
    console.log(`访问属性 ${property}`);
    return target[property];
  },
  set(target, property, value) {
    console.log(`设置属性 ${property} 为 ${value}`);
    target[property] = value;
  },
  has(target, property) {
    console.log(`检查属性 ${property} 是否存在`);
    return property in target;
  },
};
const proxy = new Proxy(target, handler);
proxy.name = "张三";                  //设置属性 name 为 张三
console.log(proxy.name);              //输出：访问属性 name, 张三
console.log(target.name);             //输出：张三
console.log("name" in proxy);         //输出：检查属性 name 是否存在 , true
```

示例 13-1 的代码演示了如何使用代理来拦截对象的属性访问和设置操作，以及使用 in 运算符来检查属性是否存在。代码解释如下：

(1) 创建了一个空对象 target，作为代理的目标对象。

(2) 定义了一个 handler 对象，其中包含了 3 个拦截器方法，即 get、set 和 has。这些方法会在相应的操作发生时被调用。

创建代理对象 proxy，通过 new Proxy(target，handler) 将代理和拦截器关联起来。

在代理中，当通过 proxy.name = "张三" 设置属性时，set 拦截器被触发，输出 "设置属性 name 为 张三"，同时将 name 属性的值设置为 "张三"。

(3) 通过 console.log(proxy.name) 访问属性时，get 拦截器被触发，输出 " 访问属性 name"，并返回属性值 "张三"，输出 "张三"。

(4) 通过 console.log(target.name) 访问属性时，不会触发拦截器，直接访问了原始的目标对象的 name 属性，输出 "张三"。

(5) 通过 console.log("name" in proxy) 使用 in 运算符检查属性是否存在时，has 拦截器被触发，输出 "检查属性 name 是否存在"，然后返回 true，表示属性 "name" 存在于代理对象中。

示例 13-2　演示代理拦截 new 关键字创建对象，代码清单如下：

```
class Person {
  constructor(name) {
    this.name = name;
  }
```

```
  }
  const handler = {
    construct(target, argumentsList) {
      console.log("创建对象");
      return new target(...argumentsList);
    }
  };
  const proxy = new Proxy(Person, handler);
  const person = new proxy("张三");          //输出：创建对象
  console.log(person.name);                  //输出：张三
```

示例 13-2 的代码演示了如何使用代理来拦截类的构造函数调用。代理的目标对象是类 Person，并定义了一个 handler，其中包含了 construct 拦截器方法。代码解释如下：

(1) 定义了一个基本的类 Person，该类有一个构造函数，接收一个 name 参数，并将其赋值给实例属性 name。

(2) 创建了一个 handler 对象，其中包含了一个 construct 拦截器方法。当使用 new 关键字调用类构造函数时，construct 拦截器会被触发。

(3) 创建代理对象 proxy，通过 new Proxy(Person, handler) 将代理和拦截器关联起来。这里代理的目标对象是类 Person，即代理会拦截对 Person 构造函数的调用。

当通过 new proxy("张三") 调用代理对象时，construct 拦截器被触发，输出 "创建对象"，随后使用 target(...argumentsList) 调用原始的构造函数，创建了一个 Person 类的实例，传递了参数 "张三"。

(4) 通过 console.log(person.name) 访问实例属性 name 时，输出 "张三"，因为创建的实例成功地继承了类 Person 的属性和行为。

通过代理和构造函数的拦截器，可以在对象的创建过程中插入自定义的逻辑，实现更灵活和定制化的对象创建行为。

示例 13-3　演示代理拦截函数调用，代码清单如下：

```
  const target = function (x, y) {
    return x + y;
  };
  const handler = {
    apply(target, thisArg, argumentsList) {
      console.log("调用函数");
      return target.apply(thisArg, argumentsList);
    }
  };
  const proxy = new Proxy(target, handler);
  console.log(proxy(13, 5)); //输出：调用函数 , 18
```

13.2　反　　射

　　Reflect 对象是 JavaScript 的一个内置对象，它提供了一组与对象操作相关的静态方法。这些方法可以用于执行与对象操作相关的操作，例如属性访问、属性设置、方法调用等。Reflect 对象的方法与相应的操作符和语句具有相似的功能，但提供了更灵活的方式来处理对象操作。

　　常用的 Reflect 方法如下：

　　(1) Reflect.get(target, propertyKey[, receiver])：用于获取对象的属性值，类似于使用 target[propertyKey] 进行属性访问，但提供了更通用的方式，并且适用于代理对象。

　　(2) Reflect.set(target, propertyKey, value[, receiver])：用于设置对象的属性值，类似于使用 target[propertyKey] = value 进行属性设置，但也适用于代理对象。

　　(3) Reflect.has(target, propertyKey)：检查对象是否具有指定属性，类似于使用 propertyKey in target。

　　(4) Reflect.deleteProperty(target, propertyKey)：删除对象的属性，类似于使用 delete target[propertyKey]。

　　(5) Reflect.construct(constructor, argumentsList[, newTarget])：用于创建对象实例，类似于使用 new constructor(…argumentsList)。

　　(6) Reflect.apply(target，thisArgument, argumentsList)：调用目标函数，并将指定的参数传递给它，类似于使用 target(…argumentsList)。

　　(7) Reflect.defineProperty(target, propertyKey, attributes)：定义对象的属性，类似于使用 Object.defineProperty()。

　　(8) Reflect.getOwnPropertyDescriptor(target, propertyKey)：获取对象的属性描述符，类似于使用 Object.getOwnPropertyDescriptor()。

　　这些方法可以在代理中使用，用于捕获对象操作并实现自定义的行为。

　　示例 13-4　演示代理如何与反射一起使用，代码清单如下：

```
const target = {name: '张三', age: 30};
const handler = {
  set: function(target, propertyKey, value) {
    console.log(`Setting ${propertyKey} to ${value}`);
    return Reflect.set(target, propertyKey, value);
  },
  get: function(target, propertyKey) {
    console.log(`Getting ${propertyKey}`);
    return Reflect.get(target, propertyKey);
  },
```

```javascript
    has: function(target, propertyKey) {
        console.log(`Checking for property ${propertyKey}`);
        return Reflect.has(target, propertyKey);
    }
}
const proxy = new Proxy(target, handler);
proxy.age = 31;                  //输出："Setting age to 31"
console.log(proxy.name);         //输出：Getting name，张三
console.log(proxy.age);          //输出：Getting age，31
console.log(target.age);         //输出：31
console.log('name' in proxy);    //输出：Checking for property name，true
```

13.3　基 础 练 习

填空题。

1. JavaScript 中的代理是通过_____对象实现的，用它来创建一个对象的代理，拦截和定义该对象上的操作。

2. 代理对象中的 get 方法用于拦截对对象属性的_____操作，而 set 方法用于拦截对对象属性的_____操作。

3. 使用 Reflect 对象的 has 方法可以检查对象是否具有指定的_____。

4. 读程序填空。

```javascript
function hasProperty(obj, propertyName) {
    return_____;
}
const sampleObject = { name: "Alice", age: 30 };
console.log(hasProperty(sampleObject, "name"));          //输出：true
```

13.4　动 手 实 践

实验 18　对象属性访问权限控制

1. 实验目的

理解 JavaScript 中代理的基本概念和应用，学习如何使用代理实现对象属性访问时

的权限控制，掌握 Reflect 对象的使用。

2. 实验内容及要求

(1) 创建一个用户对象 (user)，包含 name、age 和 isAdmin 等属性。

(2) 使用代理对象 (userProxy) 对用户对象进行包装，实现在访问和设置 isAdmin 属性时的权限控制。

(3) 当用户没有管理员权限时，访问或设置 isAdmin 属性时应拦截，并输出提示信息，防止非授权操作。

(4) 编写测试代码，演示代理对象的使用和权限控制效果。

3. 实验分析

通过代理在属性访问时插入额外的逻辑，可以实现权限控制等功能。

4. 实验步骤

(1) 创建一个用户对象。

```
const user = {
  name: "张三",
  age: 25,
  isAdmin: false
};
```

(2) 创建代理对象，实现权限控制。

```
const userProxy = new Proxy(user, {
  get: function(target, key) {
    //在访问 isAdmin 属性时检查权限
    if (key === "isAdmin" && !target.isAdmin) {
      console.log("拒绝访问");
      return;
    }
    //允许正常访问其他属性
    return Reflect.get(target, key);
  },
  set: function(target, key, value) {
    //在设置 isAdmin 属性时检查权限
    if (key === "isAdmin" && !target.isAdmin) {
      console.log("拒绝修改");
      return;
    }
    //允许正常设置其他属性
    return Reflect.set(target, key, value);
  }
```

```
    });
```

(3) 测试代理对象。

```
    console.log(userProxy.name);      //输出："张三"
    console.log(userProxy.isAdmin);   //输出："拒绝访问"，然后输出：undefined
    userProxy.isAdmin = true;         //输出："拒绝修改"
    console.log(userProxy.isAdmin);   //输出："拒绝访问"，然后输出：undefined
```

5. 总结

代理提供了一种强大的方式来拦截和修改对象的默认行为，能够在访问属性时添加额外的逻辑。这样的设计可以提高代码的安全性，确保敏感属性的访问和修改受到控制。

6. 拓展

深入了解代理对象的其他拦截方法，如 deleteProperty 和 has，并考虑它们在权限控制中的应用。

第14章 模 块

JavaScript 中引入模块的概念是为了解决大型应用程序中代码组织、维护和复用的问题。ES6 实现了 Module(模块) 功能，该功能可以将一个大程序拆分成互相依赖的模块，以适应大型的、复杂的项目的开发。ES6 模块功能的实现主要使用 export 和 import 命令，export 命令用于规定模块的对外接口，import 命令用于输入其他模块提供的功能。

14.1 ES6 模块化规范

一个模块就是一个独立的文件，外部无法直接获取到这个文件内部的所有数据。如果希望外部能够获取模块内部的数据，则必须使用 export 命令定义对外接口，导出该数据；如果希望该模块能够使用其他模块中的数据，则使用 import 命令导入其他模块提供的数据。

ES6 模块化规范如下：

(1) 每个 js 文件都是一个独立的模块，该文件内部的所有变量和函数外部无法获取。

(2) export 关键字导出模块的变量和函数。

(3) import 关键字导入其他模块提供的变量和函数。

ES6 模块的导入和导出都设计为静态可分析，便于编译时确定模块的依赖关系以及输入和输出的变量。

14.2 在 HTML 文档中引入 js 模块的方法

在 HTML 文档中，对于传统的 JavaScript 脚本，将 <script> 标签的 type 属性指定为 ""text/javascript" " 来引入脚本。例如：

```
<script type="text/javascript"  src="script.js"></script>
```

在模块化的情况下，将 <script> 标签的 type 属性指定为" "module""，并通过 import 命令来引入脚本。例如：

```
<script type="module" > import us from './user.js' </script>
```

14.3 模块的导出与导入

模块之间的数据导出与导入的方法有以下 3 种，示例见表 14-1。

(1) 声明时导出：在定义变量的前面加上 export 命令。这种导出也称为命名导出，其导出的是变量声明、函数声明。

导入时使用命令：

```
import { 变量 1, 变量 2, ... } from "模块路径"
```

注意：import 后面花括号中的变量与导出时的变量要同名；from 关键字后面的"模块路径"必须使用字符串字面量值；"模块路径"可以是相对路径，也可以是绝对路径。

(2) 先声明后导出：一条 export 命令一次导出多个已定义好的变量或函数。其语法如下：

```
export { 变量 1, 变量 2, ...}
```

导入时使用命令：

```
import { 变量 1, 变量 2, ...} from "模块路径"
```

在 (1)、(2) 两种方法中，导入的变量名与导出的变量名要一致，导入的变量个数不能多于导出的变量个数。导入的变量名可以用 as 关键字给变量命别名，其语法如下：

```
import { 变量 1, 变量 2 as 别名 , …} from "模块路径"
```

除了指定导入某个输出值外，还可以使用整体导入，即用星号 (*) 指定一个对象，所有输出值都加载在这个对象上。其语法如下：

```
import * as 对象名 from "模块路径"
```

(3) 默认导出：使用 export default 命令直接输出一个对象。

(1)、(2) 两种方法导入时需要知道导出的变量名或函数名，否则无法导入，而 (3) 方法导入时用一个对象接收即可。导入时使用命令：

```
import 对象名 from "模块路径"
```

在每个模块中，可以使用多次 export 导出，但只允许使用一次 export default 导出，否则会报错。

表 14-1 中，exp.js 和 imp.js 两个模块都在同一个文件夹下。

import 会被 JavaScript 引擎静态分析，先于模块内的其他语句执行。import 后面的 from 指定模块文件的位置，必须使用字符串字面量值。例如：

```
let path='./exp.js';

import {a} from path  //报错
```

表 14-1　export 和 import 命令示例

exp.js 模块		imp.js 模块
三种对外接口写法	定义对外接口	导入 exp.js 模块的数据及使用

声明时导出	export var a = 123;
	export function b() {
	　console.log("hello world")
	}
		(1) 指定导入。
		　import {a，b} from './exp.js'
		　console.log(a)；//输出：123
		　b()；//输出：Hello，World!
		(2) 给变量命别名。

先声明后导出	var a = 123；
	function b() {
	　console.log("hello world")
	}
	export {a，b}；
		import {a，b as c} from './exp.js'
		　console.log(a)；//输出：123
		　c()；//输出：Hello，World!
		(3) 整体导入一个对象。
		　import * as c from './exp.js'
		　console.log(c.a)；//输出：123
		　c.b()；//输出：Hello，World!

默认导出	export default {
	　a：123，
	　b：function () {
	　　console.log("hello world")
	　}
	或
	var a = 123；
	function b() {
	　console.log("hello world")
	}
	export default { a：a，b：b }
		import c from './exp.js'
		console.log(c.a)；
		c.b()；

程序运行后，在控制台中会出现报错信息"Uncaught SyntaxError：Unexpected identifier"，错误原因是 'path' 不能解释 'path' 标识符。

导入、导出语句必须处在最高层，即不能在分支语句、循环语句、函数等块中出现。例如：

```
if (true) {
    import {a} from './exp.js'        //报错
    export const pi=3.14              //报错
}
```

14.4 动 态 导 入

ES6 引入了动态导入的功能，允许在代码运行时异步加载模块，这对于需要按需加载模块的场景非常有用。动态导入提高了应用程序的性能和加载速度。

动态导入可以使用 import() 来实现。import() 返回一个 Promise 对象，该对象会在模块加载完成后被解析。import() 的语法如下：

```
import('模块路径').then((module) => {
  //模块加载完后执行的代码
  //module 包含了导入的模块内容
}).catch((error) => {
  //处理加载模块时的错误
});
```

动态导入的主要特点和用法如下：

(1) 异步加载。import() 是一个异步操作，它不会阻塞主线程，可以在需要时加载模块，而不会影响应用的初始加载时间。

(2) 返回 Promise。import() 返回一个 Promise 对象，可以通过 .then() 方法处理模块加载完成后的逻辑，或者通过 .catch() 方法处理加载模块时的错误。

(3) 动态模块路径。模块路径可以动态计算，因此可以根据需要加载不同的模块。

下面通过示例演示如何在 JavaScript 中使用动态导入功能加载一个模块。

示例 14-1 假设有一个名为 myModule.js 的模块：

```
export function greet(name) {
  return `Hello, ${name}!`;
}
```

在另一个 JavaScript 文件中使用动态导入功能来加载 myModule.js 模块，代码清单如下：

```
const moduleName = './myModule.js';
import(moduleName)
  .then((module) => {
    const greeting = module.greet('Tom');
    console.log(greeting); //输出：Hello, Tom!
  })
  .catch((error) => {
    console.error('模块加载错误 :', error);
  });
```

在示例 14-1 中，首先动态导入 myModule.js 模块，然后使用加载的模块执行 greet 函数，并输出结果。

动态导入在现代前端开发中应用广泛，特别是在按需加载路由、组件、语言包等方面。它能够根据需要动态加载所需的模块，提高了用户体验。

14.5　直接导入

如果只是单纯地执行某个模块中的代码，并不需要得到模块中向外共享的成员，可以直接导入并执行模块代码。其语法如下：

```
import '模块标识符'
```

此时 import 语句用于导入其他模块的内容，以便在当前模块中使用。导入的模块内容不会被分配给任何变量，而是被加载并执行。通常，这种导入方式用于执行模块内部的副作用，例如在加载时初始化模块内的某些全局状态或执行一些特定的操作。

示例 14-2　模块 test.js 文件内容如下：

```
console.log("我是 test 模块");
console.log(this);        //输出： undefined
```

在需要执行 test.js 的文件中引入该模块，语句如下：

```
import './test.js'        //仅仅执行 test 模块, 不导入任何值
```

程序运行后，在控制台中输出：

```
我是 test 模块
undefined
```

在示例 14-2 中，输出"this"为"undefined"，因为 ES6 的模块自动采用严格模式，在上下文中 this 指向 undefined。

14.6　基础练习

填空题。

1. ES6 模块化语法使用_____关键字导入模块成员，使用_____关键字导出模块成员。

2. 模块内部的变量和函数默认是_____，不会污染全局作用域。

3. 在 ES6 模块化中，导入的模块会_____其中的代码。

4. 在 ES6 模块化中，一个模块的默认导出只能有_____个。

5. 在 ES6 模块化中，导出一个名为 FunctionA 的函数，方法有_____、_____、_____等。

14.7　动 手 实 践

实验 19　JavaScript 模块化

1. 实验目的

理解 JavaScript 模块化的概念以及团队协作的重要性，学习使用 ES6 的模块化语法进行代码组织和分工协作。

2. 实验内容及要求

制作一个简易计算器，能够实现两个数的加、减、乘、除运算，具体要求如下：

(1) 创建 4 个模块分别实现两个数的加、减、乘、除功能，功能通过命名导出。这些模块由不同的团队成员负责。各团队成员分别创建自己负责的模块，并完成其中的功能。

(2) 在 index.js 模块中导入 4 个功能，然后通过默认导出方法导出这 4 个功能。

(3) 在 index.html 文件中引入 index.js，输出 14 和 20 这两个数的和、差、积、商。

3. 实验分析

本实验旨在引导学生通过团队协作的方式创建一个简易计算器，从而学习使用 ES6 的模块化语法。首先，将加、减、乘、除的功能分别放在不同的模块中，由团队中的不同成员完成；然后，在主模块中整合这些功能，并通过默认导出提供给其他模块使用。

4. 实验步骤

(1) 创建加法模块 addition.js。

```
export function add(a, b) {
    return a + b;
}
```

(2) 创建减法模块 subtraction.js。

```
export function subtract(a, b) {
    return a−b;
}
```

(3) 创建乘法模块 multiplication.js。

```
export function multiply(a, b) {
    return a * b;
}
```

(4) 创建除法模块 division.js。

```
export function divide(a, b) {
```

```
        if (y==0){ return '除数不能为 0'}
        return a / b;
    }
```

(5) 整合功能 index.js。

```
import {add} from './addition.js'
import {subtract} from './subtraction.js'
import {multiply} from './multiplication.js'
import {divide} from './division.js'
export default {
  add,
  subtract,
  multiply,
  divide
}
```

(6) 创建主 HTML 文件 index.html。

```html
<html>
<head>
    <title> 简易计算器 </title>
</head>
<body>
<script type="module">
    import calculator from './index';
    const num1 = 14;
    const num2 = 20;
    console.log(`和 : ${calculator.add(num1, num2)}`);
    console.log(`差 : ${calculator.subtract(num1, num2)}`);
    console.log(`积 : ${calculator.multiply(num1, num2)}`);
    console.log(`商 : ${calculator.divide(num1, num2)}`);
</script>
</body>
</html>
```

5. 总结

通过本实验，熟悉如何使用 ES6 模块化语法，将功能划分到不同的模块中，然后通过导入和导出实现模块的协同工作，体验代码规范和团队协作的重要性。

6. 拓展

(1) 添加更多的计算功能，如取余、幂运算等，将功能模块进一步扩展。

(2) 探讨如何处理用户输入，使计算器更具有交互性。

第 15 章 异步编程

在传统的同步编程中，程序会按照顺序执行每个操作，当一个操作完成后才会执行下一个操作。而异步编程是当程序执行时，可以不用等待当前操作完成而继续执行后续操作的一种执行方式。通常，异步操作用于处理那些可能耗时的任务，例如文件读写、网络请求、数据库查询等，以避免在等待这些任务完成时阻塞程序的执行。

15.1 浏览器的异步特性

JavaScript 是单线程的编程语言，但它可以实现异步编程的原因在于其浏览器通过主线程与其他线程的协作，以及一系列异步应用程序编程接口 (Web API) 和事件循环机制，实现了非阻塞的编程体验。接下来，详细介绍这些异步特性的核心要素。

(1) 主线程与其他线程。

在浏览器环境中，除了主线程 (也就是 JavaScript 引擎线程) 之外，还有许多其他线程。虽然主线程负责执行 JavaScript 代码，但在现代浏览器中，很多浏览器特性都是基于多线程和异步机制来实现的，以提高页面的性能和响应能力。因此，JavaScript 本身在执行代码时，可能会将某些任务交给其他线程去执行，然后在任务完成后通过事件机制通知 JavaScript。

(2) 异步 Web API。

Web API 是一组由浏览器提供的接口，允许开发者通过 JavaScript 代码与浏览器交互和通信。它是一种允许网页和浏览器之间相互协作的方式，使开发者能够访问浏览器功能、操作 DOM、发送网络请求、处理事件等。Web API 可以被视为浏览器为开发者提供的一种编程工具集，用于构建交互性强、丰富的网页应用。

在异步编程中，常见的场景是通过异步 Web API(例如：setTimeout、XMLHttp Request、Fetch 等) 来执行异步操作 (处理一些可能耗时的任务)。当调用一个异步函数时，JavaScript 引擎会将该任务交给 Web API 执行，并在完成后将回调函数 (异步任务执行完之后，需要执行的代码) 放入任务队列中。而主线程则会继续执行其他代码，不会阻塞。

(3) 任务队列与事件循环机制。

当主线程调用一个异步函数时，JavaScript 引擎会将该任务交给 Web API 执行，并在完成后将回调函数放入任务队列中。任务队列中的任务执行由事件循环机制控制。

事件循环机制是 JavaScript 实现异步编程的关键。事件循环不断地从任务队列中取出任务，如果任务是回调函数（异步操作完成时的回调），则执行这些回调。这使得 JavaScript 能够实现异步编程，即使是单线程环境也能有效地处理多个任务。

示例 15-1　代码清单如下：

```
console.log("开始");
setTimeout(() => {
  console.log("定时器的回调被执行");
}, 1000);
console.log("结束");
```

在示例 15-1 中，有以下步骤的协作：

(1) 主线程开始执行，遇到第一个 console.log("开始")，输出 "开始"。

(2) 主线程遇到 setTimeout，它是一个异步操作，主线程将该操作交给 Web API。

(3) 主线程继续执行，遇到第二个 console.log("结束")，输出 "结束"。

(4) 此时主线程没有任务执行。

(5) 当 1000 ms 过去后，Web API 将回调函数放入任务队列中。

(6) 事件循环机制一直工作，检查任务队列，发现有一个回调函数需要执行，调入主线程。

(7) 主线程执行队列中的回调函数，输出 "定时器的回调被执行"。

在示例 15-1 中，主线程在遇到异步操作时并没有等待，而是继续执行其他任务，这是因为异步操作被放入了 Web API 中。等异步操作完成后，通过事件循环机制，主线程会执行回调函数。

15.2　回调函数

回调函数是一个作为参数传递给另一个函数的函数，它在主体函数执行完之后执行（在指定的事件发生或条件满足时被调用执行）。

示例 15-2　代码清单如下：

```
function a(callbackFunction){
  console.log("这是主体函数 a");
  var m =1;
  var n=3;
  return callbackFunction(m, n);
}
function b(m, n){
```

```
    console.log("这是回调函数 b");
    return m+n;
  }
var result = a(b); //函数 b 作为参数传给函数 a，a 是主体函数，b 就是回调函数
console.log("result = "+ result);
```

程序运行后，在控制台中输出：

```
这是主体函数 a
这是回调函数 b
result = 4
```

在示例 15-2 中，函数 a 接收一个回调函数 b 作为参数，执行一些操作后调用了这个回调函数，在调用过程中，将两个参数传递给回调函数，并得到回调函数的返回值。最后，将回调函数的返回值输出到控制台。

JavaScript 程序代码会自上而下一条线执行下去，但是有时需要等到一个操作结束之后再进行下一个操作，这时就需要用到回调函数。在异步编程中，回调函数通常用于处理异步操作的结果或者执行一些特定的逻辑。

15.3　回调地狱

回调地狱是指在异步编程中，多层嵌套的回调函数造成代码的可读性变差，难以维护和调试的情况。这通常发生在多个异步操作需要按照顺序执行的场景中，每个异步操作都需要等待上一个操作完成才能执行，从而导致嵌套的回调函数层级不断增加，代码变得难以理解。

示例 15-3　代码清单如下：

```
setTimeout(function() {
    console.log("第一步完成");
    setTimeout(function() {
        console.log("第二步完成");
        setTimeout(function() {
            console.log("第三步完成");
            //更多嵌套的操作 …
        }, 1000);
    }, 1000);
}, 1000);
```

程序运行后，在控制台中输出：

```
第一步完成
第二步完成
```

第三步完成

示例 15-3 是一个简化的回调地狱示例，其中模拟了连续的异步操作。每个 setTimeout 回调函数都会在前一个定时器完成后执行，导致嵌套的层级增加。这种异步调用结果存在依赖，需要嵌套，层层嵌套形成回调地狱，会让代码难以阅读和维护，也会导致潜在的问题，例如错误处理和顺序控制变得困难。

为了解决回调地狱的问题，JavaScript 社区引入了 Promise、async/await、生成器等异步编程模式，使得异步操作可以更清晰、更有序地组织，避免了深层次的回调嵌套。生成器已在第 10 章介绍，接下来介绍 Promise、async/await。

15.4　Promise 实例对象

Promise 可以把回调地狱拉成一个从上往下的执行队列。允许开发者以更直观和结构化的方式组织和处理异步代码。

Promise 是一种表示异步操作的对象。它是一个构造函数，用于生成 Promise 实例对象。

15.4.1　Promise 实例对象的创建

Promise 的语法格式如下：

```
var p= new Promise (function (resolve, reject) {
    // 异步操作的代码
    // 如果操作成功，调用 resolve 并传递结果
    // resolve(value);
    // 如果操作失败，调用 reject 并传递错误信息
    // reject(error);
    });
```

实例化 Promise 对象时，构造函数中传递一个函数作为参数，该函数用于处理异步任务，比如网络请求、文件读取、定时器等。该函数的 resolve 和 reject 两个参数也是函数，用于处理异步操作成功和失败两种情况。

Promise 实例对象可以处于 3 种状态：pending(表示异步操作进行中)、fulfilled(表示异步操作成功完成) 和 rejected(表示异步操作失败)。Promise 的这三种状态反映了异步操作的进展。

当异步操作成功时调用 resolve 函数，将 Promise 实例对象的状态从 pending 转变为 fulfilled(已完成)，并将异步操作的结果传递给 then 方法的回调函数。

当异步操作失败时调用 reject 函数，将 Promise 实例对象的状态从 pending 转变为 rejected(已拒绝)，并将失败的原因传递给 catch 方法的回调函数。

15.4.2 Promise 实例对象的方法

在创建了一个 Promise 实例之后，需要通过其方法来处理异操作结果。Promise 实例对象提供了一些常用的方法，可以更加灵活地处理成功、失败以及最终的清理工作。

(1) then 方法：接收两个回调函数作为参数，第二个回调函数可选，两个回调函数都接收 Promise 实例对象传出的值作为参数，第一个回调函数在异步操作成功时调用，第二个回调函数在异步操作失败时调用。then 方法返回一个新的 Promise，可以实现链式调用。通过 then 方法，可以按照特定的顺序执行异步操作，形成更清晰的异步流程控制。

(2) catch 方法：用于捕获 Promise 链中发生的任何错误。

(3) finally 方法：无论 Promise 状态最终变为 fulfilled 还是 rejected，都会执行给定的回调函数，返回一个新的 Promise，状态和值与原始 Promise 保持一致。

示例 15-4 代码清单如下：

```javascript
const p=new Promise((resolve, reject)=>{
    //异步操作逻辑,可以是网络请求、文件读取等
    setTimeout(()=>{
        let flag=true;                      //模拟异步操作的结果
        if(flag){
            resolve("成功的数据");           //异步任务成功时调用 resolve
        }else{
            reject("报错信息");              //异步任务失败时调用 reject
        }
    }, 1000);
});
//使用 then 方法处理成功情况,catch 方法处理失败情况
p.then(result => {
    console.log(p);
    console.log("成功 :" + result);
}).catch(error => {
    console.log(p);
    console.error("失败 :" + error);
}).finally(function(){
    console.log('结束');
});
```

程序运行后，在控制台中输出：

```
Promise {<fulfilled>: '成功的数据'}
```

成功：成功的数据
　　　　结束

在示例 15-4 中，创建了一个 Promise 对象 p，其中包含了一个异步操作，通过 setTimeout 模拟延迟操作。如果异步操作成功，则调用 resolve 将结果传递给 then 方法处理；如果异步操作失败，则调用 reject 将错误信息传递给 catch 方法处理。不管异步操作成功还是失败，最后都会执行 finally 的回调函数。

 ### 15.4.3　Promise 实例对象的静态方法

除了实例方法以外，Promise 还提供了一些静态方法，允许在不需要创建实例的情况下直接操作 Promise。这些静态方法为处理多个异步操作以及快速返回特定值提供了便捷的工具。常用的 Promise 静态方法如下。

（1）Promise.resolve 方法。Promise.resolve 方法接收单个参数，并会返回一个处于 fulfilled(已完成) 状态的 Promise。

示例 15-5　代码清单如下：

```
let p1=Promise.resolve(100)
console.log(p1);
p1.then((value)=>{
    console.log(value);
})
```

程序运行后，在控制台中输出：

```
Promise {<fulfilled>: 100}
100
```

（2）Promise.reject 方法。Promise.reject 方法接收单个参数，以此来创建一个 rejected (已拒绝) 的 Promise。

示例 15-6　代码清单如下：

```
let p2=Promise.reject(0)
console.log(p2);
p2.then((value)=>{
    console.log("成功返回的值 :"+value);
}).catch((value)=>{
    console.log("失败返回的值 :"+value);
})
```

程序运行后，在控制台中输出：

```
Promise {<rejected>: 0}
失败返回的值 : 0
```

（3）Promise.all 方法。Promise 可以串行执行多个异步操作，如果多个异步操作相互独立，也可以使用 Promise.all 并行执行它们。

Promise.all(iterable)：用于将多个 Promise 实例包装成一个新的 Promise 实例。只有当所有的 Promise 都成功时，新的 Promise 才会成功；如果其中任何一个 Promise 失败，新的 Promise 就会失败，其返回值是一个包含了所有 Promise 结果的数组，顺序与传入 Promise.all 的 Promise 数组的顺序一致。

示例 15-7 代码清单如下：

```javascript
let p1 = new Promise((resolve, reject)=>{
    resolve(100);
});
let p2 = new Promise((resolve, reject)=> {
    resolve(200);
});
let p3 = new Promise((resolve, reject)=>{
    resolve(300);
});
let p4 = Promise.all([p1, p2, p3]);
p4.then((value)=>{
console.log(Array.isArray(value));     //输出：true
console.log(value[0]);                 //输出：100
console.log(value[1]);                 //输出：200
console.log(value[2]);                 //输出：300
});
```

(4) Promise.race 方法。Promise.race(iterable)：用于将多个 Promise 实例包装成一个新的 Promise 实例。只有最先完成的 Promise 的结果或错误会影响新的 Promise 的状态。

示例 15-8 代码清单如下：

```javascript
let p1=new Promise((resolve, reject)=>{
    setTimeout(()=>{
        resolve('Ok')
    }, 1000)
})
let p2=Promise.resolve("Success")
let p3=Promise.reject("Error")
const p4=Promise.race([p1, p2, p3])
p4.then((result) => {
    //第一个完成的 Promise 成功时的处理
    console.log(result);
}).catch((error) => {
```

```
//第一个完成的 Promise 失败时的处理
console.log(error);
});
```

程序运行后，在控制台中输出：

Success

15.5　async 函数

async 函数是 ECMAScript 2017(ES8) 引入的一种用于简化 Promise 的异步编程的语法糖。async 函数使编写和理解异步代码更方便，它返回一个 Promise 对象，该对象会在 async 函数内的所有 await 表达式执行完毕之后将状态变为 fulfilled(已完成)。

如果 async 函数内部没有显式返回一个 Promise 对象，它将会隐式返回一个以函数返回值为解决值的已解决 Promise 对象。

示例 15-9　代码清单如下：

```
async function fn1( ) {
        return 8888;
        }
console.log(fn1());
```

程序运行后，在控制台中输出：

Promise{<fulfilled>: 8888}

在 async 函数中使用 await 关键字，用于等待一个 Promise 对象解决，并返回 Promise 的解决值 (异步操作的返回值)。async 函数的执行是同步的，但是当执行到 await 表达式时，它会暂停执行，让出线程控制权，直到 await 后面的异步操作完成。

示例 15-10　代码清单如下：

```
async function fn1( ) {
return new Promise((resolve, reject) => {
  resolve('ok')
  })
}
async  function fn2(){
try{
  let res1=await fn1()
  console.log(res1);
  let res2=await 888
  console.log(res2);
  console.log('前两个 await 语句之后的语句');
```

```
        let res3=await Promise.reject("Error")
        console.log('await 后的语句');
    }catch(e){
        console.log('错误 :'+e);
    }
}
fn2()
```

程序运行后，在控制台中输出：

```
ok
888
前两个 await 语句之后的语句
错误：Error
```

在 fn2 函数内部，它通过 await 关键字等待异步操作完成。

第一个 await fn1()：等待 fn1 函数返回的 Promise 对象解决，接着输出解决值 "ok"。

第二个 await 888：由于 888 不是一个 Promise 对象，它会被视为立即解决的值，接着输出 "888"。

在 await 888 的情况下，即使不是一个 Promise 对象，它仍然会被包装成一个 resolved 的 Promise 对象，因此后续的代码会继续执行，输出 "前两个 await 语句之后的语句"。

第三个 await Promise.reject("Error")：这里使用了 Promise.reject 来模拟一个异步操作失败，控制权流入 catch 块，打印错误信息 "错误：Error"。async/await 错误处理是使用 try…catch 来捕获错误。Promise 错误处理是通过 catch() 或在 .then() 中的第二个参数处理错误。

await 使得异步代码的写法更加清晰，类似于同步代码的结构。需要注意的是，await 只能在 async 函数内部使用，而不能在普通的函数或全局作用域中使用。

15.6　XMLHttpRequest 对象与 Ajax

在 Web 开发中，经常需要与服务器进行数据交互，XMLHttpRequest 是一个浏览器接口，使 JavaScript 可以进行服务器通信。Ajax 是基于 XMLHttpRequest 对象来实现的。Ajax 技术指的是脚本独立向服务器请求数据，拿到数据以后，进行处理并更新网页。传统的网页 (不使用 Ajax) 如果需要更新内容，必须重载整个网页。有了 Ajax 就可以使用脚本实现异步加载网页。Ajax 实现服务器数据交互的步骤如下：

(1) 创建 Ajax 对象。

语法：

```
let xhr=new XMLHttpRequest();
```

(2) 请求初始化，告诉 Ajax 请求地址以及请求方式。

使用 open 方法初始化请求，指定 URL 告诉 Ajax 对象向哪发送请求，指定请求方式 (GET 或 POST)［服务端 (后端) 开发人员为前端开发人员提供 API 接口文档，API 文档详细描述每个接口的地址、请求方式、请求参数、响应结果信息返回格式及返回参数说明等］。语法：

```
xhr.open('GET', 'URL')
```

(3) 发送请求。

使用 send 方法将请求发送到服务器。语法：

```
xhr.send()
```

(4) 处理响应结果。

Ajax 操作是异步的，需要定义事件处理程序以响应请求生命周期的不同阶段。通过 onreadystatechange 事件获取服务器端响应给予客户端的数据，一旦服务器响应，就可以在回调函数中处理数据。响应数据通常在 XMLHttpRequest 对象的 responseText 属性中。语法：

```
xhr.onreadystatechange = function() {
  if (xhr.readyState === 4 && xhr.status === 200) {
    //请求成功完成
    console.log(xhr.responseText); //处理响应回来的数据
  }
};
```

XMLHttpRequest 对象的状态码 readyState 等于 4 表示请求已经完成，响应码 status 等于 200 表示服务器成功处理了请求。

示例 15-11　从服务器上请求数据，以免费的 API 为例，如 "天行数据 (https：// www.tianapi.com/)" 网站提供的 "垃圾分类" 免费的 API，该 API 文档提供的接口信息如下：

接口地址：https：//apis.tianapi.com/lajifenlei/index

请求示例：https：//apis.tianapi.com/lajifenlei/index?key= 你的 APIKEY&word= 眼镜

支持协议：http/https

请求方式：get/post

返回格式：utf-8 json

详细的垃圾分类接口文档：https：//www.tianapi.com/apiview/97

请求数据实现代码如下：

```
//1、创建请求对象
let ajax=new XMLHttpRequest()
//2、初始化请求
ajax.open('get', "https：// apis.tianapi.com/lajifenlei/index?key=42ff16a00f0a22382bac1d6
849d4705d&word= 眼镜")
//3、发送请求
ajax.send()
//4、处理响应结果
```

```
ajax.onreadystatechange=function(){
    if(ajax.readyState===4 && ajax.status === 200){
        console.log(ajax.response); //输出响应回来的信息
    }else{
        console.log(ajax.status);
    }
}
```

程序运行中，在控制台中输出从服务器返回来的数据。

15.7　Fetch API

Fetch API 是一种现代的 Web API，用于进行网络请求，并在接收响应后进行处理。它提供了更强大、更灵活的方式来替代传统的 XMLHttpRequest 对象。

Fetch API 提供 Request 和 Response 类，便于进行请求和响应的处理。

Fetch API 提供了 fetch() 方法，它被定义在 BOM 的 window 对象中，可以用它完成网络请求。fetch() 方法返回的是一个 Promise 对象，让开发者能够对请求的返回结果进行处理。

示例 15-12　用 Fetch API 实现示例 15-11 的功能，代码清单如下：

```
fetch('https: // apis.tianapi.com/lajifenlei/index?key=42ff16a00f0a22382bac1d6849d4705d
&word= 眼镜')
.then(response => {
    if (!response.ok) {
        throw new Error('网络响应不正常');
    }
    return response.json();
})
.then(data => console.log(data))
.catch(error => console.error('错误 :', error));
```

程序运行中，在控制台中输出从服务器返回来的数据。

15.8　基 础 练 习

填空题。

Promise、async/await 和生成器 (Generator) 是 JavaScript 中用于处理异步编程的 3

种不同机制。下面是它们的简要比较：

(1) Promise。

状态管理：Promise 有 3 种状态 (_____、_____、_____)，用于表示异步操作的进展。

回调风格：使用_____和_____方法处理异步操作。

错误处理：通过_____或在_____中的第二个参数处理错误。

(2) async/await。

状态管理：async 函数返回一个 Promise，使用_____暂停执行，等待 Promise 解决。

回调风格：使用_____和_____关键字，编写类似同步代码的异步操作。

错误处理：使用_____来捕获错误。

(3) 生成器 (Generator)。

状态管理：生成器是一种特殊的函数，使用 function* 声明，可以通过_____暂停和恢复执行。

回调风格：使用生成器函数返回的迭代器对象，通过_____控制异步流程。

错误处理：通过传递错误对象给 throw 方法，或者使用_____来捕获错误。

15.9 动手实践

实验 20 对联查询

1. 实验目的

掌握使用 Fetch API 进行网络请求的基本方法，以及如何将获取到的数据动态展示在 HTML 页面上，熟悉 JavaScript 异步编程。同时，了解 JavaScript 事件处理和 DOM 操作的基本原理。

2. 实验内容及要求

实现一个具有对联查询功能的页面，界面效果如图 15-1 所示。点击"查询对联"按钮，新查询到的对联显示在按钮下方，每次点击"查询对联"按钮都会更新对联。

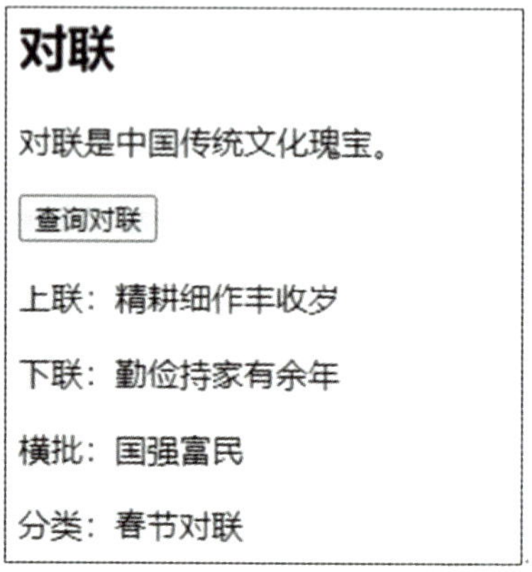

对联的数据来源可以用"天行数据 (https://www.tianapi.com/)"网站提供的 "民俗对联"免费的 API，接口支持查询传统春联、乔迁、开业、结婚、生子等类型对联。该 API 文档提供的接口信息如下：

接口地址：https://apis.tianapi.com/msdl/index

请求示例：https://apis.tianapi.com/msdl/index?

图 15-1 对联查询界面效果图

key= 你的 APIKEY

支持协议：http/https

请求方式：get/post

返回格式：utf-8 json

详细的垃圾分类接口文档：https：//www.tianapi.com/apiview/231

3. 实验分析

(1) 结构分析。

本实验包含一个标题、一段文字描述、一个按钮、一个显示对联信息的区域。

(2) JavaScript 算法分析。

① 按钮单击事件：使用 addEventListener 监听按钮单击事件，当按钮被单击时，发起异步请求 (使用 Fetch API) 获取对联数据。

② 数据处理：处理获取到的 JSON 数据，提取对联的上联、下联、横批和分类信息。

③ 动态更新页面：通过 DOM 操作，将获取到的对联信息更新到页面中。

4. 实验步骤

(1) 登录天行数据 (https：//www.tianapi.com/) 网站，注册后申请 "民俗对联" 接口。

(2) 制作页面结构。

```
<h2> 对联 </h2>
<p> 对联是中国传统文化瑰宝。</p>
<button id="btn"> 查询对联 </button>
<div id="show">
    <p> 上联：<span> 精耕细作丰收岁 </span></p>
    <p> 下联：<span> 勤俭持家有余年 </span></p>
    <p> 横批：<span> 国强富民 </span></p>
    <p> 分类：<span> 春节对联 </span></p>
</div>
```

(3) 编写脚本，处理按钮单击事件，发送网络请求，处理数据，更新页面。

```
let btn=document.getElementById('btn') //获取 "查询对联" 按钮
//获取显示对联的元素
let spans=document.getElementById('show').getElementsByTagName('span')
//给 "查询对联" 按钮添加单击事件
btn.ddEventListener('click', function(){
//发送网络请求
fetch('https：//apis.tianapi.com/msdl/index?key=42ff16a00f0a22382bac1d6849d4705d')
    .then(response => {
        if (!response.ok) {
            throw new Error('网络响应不正常');
        }
        return response.json();
```

```
    })
    .then(data => {
        let dl=data.result.list[0]              //处理数据
        spans[0].innerText=dl.shanglian         //更新页面
        spans[1].innerText=dl.xialian           //更新页面
        spans[2].innerText=dl.hengpi            //更新页面
        spans[3].innerText=dl.fenlei            //更新页面
    })
    .catch(error => console.error('错误 :', error));
    })
```

5. 总结

通过本实验了解 Fetch API 的基本用法，熟悉 JavaScript 异步编程，掌握 DOM 操作方法。

6. 拓展

(1) 对页面进行样式设置，使其更美观。

(2) 使用 Ajax 实现网络请求。

附录 各章基础练习参考答案

第2章

1. ① NaN；② false；③ true；④ false；⑤ false；⑥ true；⑦ false
2. ① 200；② 16；③ NaN；④ 0；⑤ 0；⑥ NaN；⑦ 90；⑧ 0；⑨ NaN
3. ① true；② true；③ false；④ false；⑤ false；⑥ false；⑦ false
4. ① string；② number；③ number；④ boolean；⑤ undefined；⑥ object；
   ⑦ object；⑧ function；⑨ object
5. ① NaN；② 99；③ 100；④ 90；⑤ 3.3333333333333335；⑥ 0；⑦ 2；
   ⑧ Infinity；⑨ NaN
6. ① 16px；② 16px
7. ① false；② true；③ false；④ true；⑤ true；⑥ false；⑦ false；⑧ undefined；
   ⑨ true
8. ① true；② false；③ true；④ true；⑤ true
9. ① true；② boolean；③ 条件为 true！；④ 空
10.   1
        3
        是小数
11. x>="A"&& x<="Z"||x>="a"&&x<="z"
12. x>="0"&&x<="9"

第3章

1. ① 18；② 广西北海；③ null；④ undefined；⑤ true；⑥ hello；⑦ 我是 fn3
2. 5 4 3 2 1 Done!
3. window window obj obj

第4章

1. (1) keys(obj)
   (2) values(obj)
   (3) assign；合并后的目标对象

(4) entries(obj)

(5) setPrototypeOf

2. ① prototype.makeSound；② Object.create(Animal.prototype)；

③ prototype.meow；④ 动物发出声；⑤ 猫发出'喵'声

第 5 章

1. ① Top：210；② Left：200；③ Right：310；④ Bottom：320；⑤ Width：110；

⑥ Height：110

2. rect.top < window.innerHeight && rect.bottom >= 0

3. ① Offset Width：110

② Offset Height：110

③ Client Width：106

④ Client Height：106

⑤ Scroll Width：106

⑥ Scroll Height：127

⑦ Offset Top：200

⑧ Offset Left：200

4. 目标阶段、冒泡阶段

5. 阻止事件在 DOM 层次结构中的进一步传播，即取消事件的捕获或冒泡阶段。

6. 默认行为

7. 获取或设置完整的 URL

8. 后退

9. 20

第 6 章

1. ① 5

② 7

③ mango

④ orange

⑤ ["plum"，"banana"]

⑥ []

⑦ ["cherry"，"tangerine"]

⑧ ["lemon"，"apple"，"watermelon"，"fig"，"pear"]；

2. ① ["apple"，"fig"，"lemon"，"pear"，"watermelon"]

② ["apple"，"fig"，"lemon"，"pear"，"watermelon"，"plum"，"banana"]

③ ["apple"，"fig"，"lemon"，"pear"，"watermelon"]

④ ["lemon"，"pear"]

⑤ ["apple"，"fig"，"lemon"，"pear"，"watermelon"]

⑥ "apple-fig-lemon-pear-watermelon"

⑦ 2

⑧ −1

3. ['Banana'，'Orange'，'Banana'，'Orange'，'Kiwi'，'Papaya']

4. ['apple'，'plum'，'mango']

5. (1) account => account.balance < 200

(2) account => account.balance === 300　indexOfBalance300，1

(3) (prev，curr) => prev.balance > curr.balance ? prev ： curr

第 7 章

1. ① 6　空格也算长度

② B

③ A 也可以通过方括号 [] 去访问特定位置的字符

④ 97 参数缺省默认为 0 a~z 编码为 97~122

⑤ 98

⑥ NaN 超出字符串的长度

⑦ ab

⑧ 49 0~9 编码为 48~57

2. ① arator；② para；③ arator；④ ar；⑤ rator；⑥ arator

3. ① 3；② 5；③ 5；④ 3

第 8 章

1. "\\d+"，'g'　2. /a\.c/　3. true　4. false　5. true　6. false　7. false　8. true

9. ① 11

② This is an orange，That is an orange too

③ This is an apple，That is an apple too

④ [apple，apple]

⑤ 2

⑥ [This，is，an，apple，That，is，an，apple，too]

10. ① 任意字符

② 0 个、1 个或多个

③ 任意个 a-z 中的字符

④ 任意个非 0-9 的字符

⑤ A-Z 一次或多次

⑥ 任意多个所有字母数字 _

⑦ 至少 8 个非数字

⑧ 开头；结尾

⑨ 是否到了边界

⑩ 三种其中一种字符串

11. ① ^[a-zA-Z]\w{5，15}$

　　② ^[\u4e00-\u9fa5]{0，}$

　　③ ^\d{10}$

　　④ ^[1-9]\d{17}|[1-9]\d{16}x$

　　⑤ ^\d{11}$

第 9 章

① 10；② 最大值 91；③ 9；④ 9；⑤ 8；⑥ 8；⑦ 8；⑧ 8；⑨ 9；⑩ 9；⑪ 9

第 10 章

1. next()；2. 复制；3.{ ...obj1，...obj2 }；4. ...numbers；

5. for(const item of colors){ console.log(item)；}；

6. (1) function*，(2) yield；7. yield；8.(1) 输出 10 以内的奇数，(2) 输出 1 3 5 7 9

9. (1) let sum=0

　　　　for(const item of value){

　　　　　　sum=sum+item

　　　　}

　　　　return sum

　　(2) numbers

第 11 章

1. ① set('王小明'，78)；

　　② get('李四')

　　③ has('李红')

　　④ size

　　⑤ delete('李四')

　　⑥ (score，student) => {console.log(`${student} 的分数是：${score}`)；}

　　⑦ clear()

2. Object. entries(myObj)

3. (1) prices.forEach(price => { totalPrice += price；})；(2) ${totalPrice.toFixed(2)}

第 12 章

1. (1) class；(2) constructor；(3) 方法；(4) static；(5) this；(6) super

2. (1) class Car {

　　　　constructor(brand, model) {

　　　　　　this.brand = brand；

```
        this.model = model;
    }
    getDescription() {
        return `${this.brand} ${this.model}`;
    }
}
const car1 = new Car('长城汽车', '哈弗 H6');
const car2 = new Car('奇瑞', 'QQ');
console.log(car1.getDescription());
console.log(car2.getDescription());
```

(2)
```
class ElectricCar extends Car {
    constructor(brand, model, batteryCapacity) {
        super(brand, model);
        this.batteryCapacity = batteryCapacity;
    }
    getDescription() {
        return `${super.getDescription()}, 电池容量 : ${this.batteryCapacity} kWh`;
    }
}
const electricCar = new ElectricCar('比亚迪', '宋 PLUS', 75);
console.log(electricCar.getDescription());
```

第 13 章

1. Proxy；2. 读取，写入；3. 属性；4. Reflect.has(obj，propertyName)

第 14 章

1. import、export ；2. 私有的；3. 自动运行；4. 一
5. export { FunctionA }、export default FunctionA、export const FunctionA = () => {}

第 15 章

(1) pending、fulfilled、rejected、then()、catch()、catch()、then()
(2) await、async、await、try…catch
(3) yield、.next()、try…catch

参 考 文 献

[1]　CROWDER T J. 深入理解现代 JavaScript[M]. 赵永，卢贤泼，译. 北京：清华大学出版社，2022.

[2]　ZAKAS N C. 深入理解 ES6[M]. 刘振涛，译. 北京：电子工业出版社，2017.

[3]　ISAACKS J D. ES 2015/2016 编程实战 [M]. 林赐，译. 北京：清华大学出版社，2019.

[4]　阳波. JavaScript 核心技术开发解密 [M]. 北京：电子工业出版社，2018.

[5]　黑马程序员. JavaScript 前端开发案例教程 [M]. 北京：人民邮电出版社，2018.